U0014536

實戰圖解

麥肯錫金字塔原理

120 個圖解 + 21 個表達場景
職場必勝四力一學就會

思考力、寫作力、演說力、問題解決力

作者◎郭力

內容提要

　　金字塔原理是麥肯錫公司的芭芭拉・明托所提出的一項結構化的思考、寫作及表達技術，它能幫助我們快速提升邏輯思維能力和歸納總結能力，讓我們在工作彙報、公文寫作、職場溝通及演講等場景中釐清邏輯思路，簡潔清晰地進行表達和展示。

　　本書採用「圖解＋案例」的形式，先用 7 張圖片直觀、清晰地介紹了金字塔原理的核心概念，然後從資訊分析、結構化思考、解決問題、商業簡報、高效寫作、有效表達 6 個方面，結合案例演練，詳細介紹了如何運用金字塔原理提升思考力與表達力，進而提升職場競爭力的具體方法。

　　本書適合所有希望提高思考力、寫作力、演講力和問題解決力的讀者閱讀。

寫作、演講、商業簡報、解決問題等是我們在日常生活和工作中經常遇到的事情。高效完成這些事情，不僅可以幫助我們處理好人際關係，還可以幫助我們提升工作效率，從而提升自己在職場中的核心競爭力。

在實際工作中，不少人發現精準表達並不是一件容易的事情，他們經常會遇到以下問題：

在會議上發言時經常被領導打斷，領導表示聽不懂你在說什麼；

交給領導的方案被駁回，領導表示方案邏輯不清，找不到重點；

與同事溝通，對方總是很難理解你要表達的意思，導致協作效率低，影響團隊的工作進度；

在介紹產品或傳達解決問題的方案時，很難說服別人；

……

以上是不少職場人士在寫作、演講、商業簡報和解決問題時經常遇到的問題。這些問題不僅會對工作產生一定的影響，還會讓領導、同事和合作方懷疑我們的工作能力。如何解決這些問題呢？不少人開始尋找各種方法和策略，但是效果甚微。這主要是因為他們只是掌握了一些表層的方法和策略，而沒有掌握底層邏輯——結構化思維。

培養結構化思維的有效工具是金字塔原理。也就是說，我們掌握了金字塔原理就等於擁有了結構化思維，從而能夠實現精準表達、高效解決問題和完美簡報。

金字塔原理是芭芭拉‧明托（Barbara Minto）在麥肯錫國際管理諮詢公司工作時總結出來的一個概念，是一種邏輯清晰、重點突出、主次分明的邏輯思路和表達方式。

本書運用圖解和案例的方式，詳細、具體地介紹了如何運用金字塔原理幫助我們解決寫作、演講、商業簡報和解決問題等方面的問題，進而提升我們的職場競爭力。

導讀部分用 7 張圖片直觀、清晰地介紹了金字塔原理的概念、核心思想、原則等，有助於讀者初步認識金字塔原理。

第 1 章詳細介紹了資訊區分、資訊梳理、資訊分析與檢查等內容，旨在幫助讀者瞭解並掌握如何運用金字塔原理梳理和分析資訊。

第 2 章介紹了結構化思維的基本概念，以及演繹推理和歸納推理兩大思考邏輯，旨在說明讀者掌握結構化思維的相關知識。

第 3 章介紹了應用金字塔原理解決問題的步驟——界定問題、結構性分析問題、提出解決方案，並通過案例演練幫助讀者學以致用。

第 4 章介紹了如何應用金字塔原理提升簡報效果，並且列舉了 PPT 和短視頻製作的相關案例，以幫助讀者更好地應用本章所學的知識。

第 5 章介紹了如何應用金字塔原理進行構思與寫作，具體內容包括基於目標確定寫作主題、搭建縱向的文章結構、搭建橫向的文章結構、序言的構思與寫作、文章中如何呈現金字塔。這些內容可以使我們更準確地理解、把握和應用寫作技巧，實現高效寫作。

第 6 章介紹了如何應用金字塔原理實現清晰表達，並詳細講解了有效表達的 4 個核心要素。掌握了這 4 個要素，我們就可以做到「想清楚，說明白」。

本書旨在幫助在思考、寫作、演講、商業簡報和解決問題等方面存在問題，想要解決問題並提升個人能力的讀者。因此，如果你在生活或工作中存在這幾個方面的問題，或者想要進一步提升自己的工作能力，那麼請打開這本書，你一定可以在本書中找到自己想要的答案，實現自我提升。

目錄

第 3 章 / 79

解決問題
如何應用金字塔原理界定、分析和解決問題

第 4 章 / 117

商業簡報
如何應用金字塔原理進行視覺簡報

目錄

7張圖讀懂金字塔原理

1. 為什麼要學習金字塔原理？

重點突出、邏輯清晰、主次分明

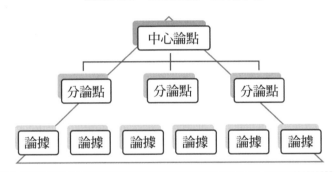

任何事情都可以歸納出一個中心論點,中心論點可由 3~7 個論據支持,這些論據本身也可以是分論點,分別被 3~7 個論據支持,如此延伸狀如金字塔。

2. 金字塔原理的基本結構

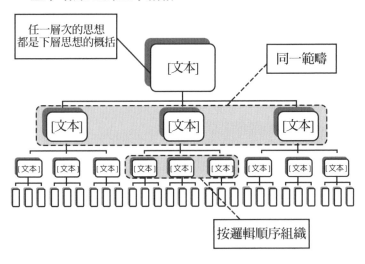

任一層次的思想都是下層思想的概括

[文本]

同一範疇

[文本] [文本] [文本]

[文本] [文本] [文本] [文本] [文本] [文本] [文本] [文本] [文本]

按邏輯順序組織

3. 橫向金字塔結構

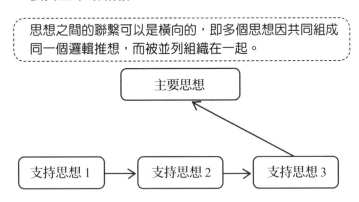

思想之間的聯繫可以是橫向的，即多個思想因共同組成同一個邏輯推想，而被並列組織在一起。

主要思想

支持思想 1 → 支持思想 2 → 支持思想 3

4. 縱向金字塔結構

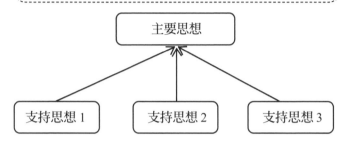

思想之間的聯繫可以是縱向的，即任何一個層次的思想都是對其下面一個層次思想的總結。

主要思想

支持思想 1　　支持思想 2　　支持思想 3

5. TOPS原則

T	O	P	S
Target to Audiences 有的放矢	Over Arching 貫穿整體	Powerful 擲地有聲	Supportable 言之有據

6. MECE原則

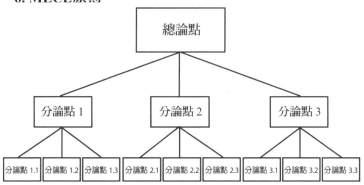

分組後的各部分內容遵循
- 各部分之間相互獨立 (mutually exclusive)，相互排斥，沒有重疊；
- 所有部分完全窮盡 (collectively exhaustive)，沒有遺漏。

7. SCQA基本結構

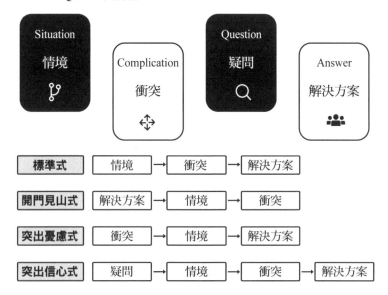

第 1 章

訊息分析

如何應用金字塔原理梳理和分析訊息

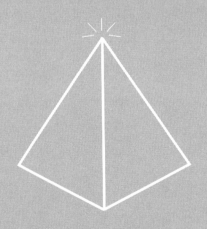

無論是寫作還是演講，我們首先要做的是根據主題收集相關訊息，然後對收集到的訊息進行梳理和分析，找出自己需要的訊息，即素材。這一步是寫作或演講的關鍵步驟，決定了我們能否呈現內容豐富、邏輯連貫、表達清晰的文章或演講。為了給後續的寫作或演講打下夯實的基礎，我們可以應用金字塔原理梳理和分析訊息。

1.1 訊息區分

　　進行任何形式的寫作之前都需要收集大量訊息，但是這些訊息通常是雜亂無章的，我們要想將這樣的訊息整理成一篇完整、流暢的文章，就必須認識這些訊息並對其進行區分。

1.1.1 事實和觀點

　　所謂訊息是指消息、音訊，泛指人類社會傳播的一切內容。在寫作或演講中，訊息即素材。從大體上說，訊息主要分為事實和觀點兩類，所以區分訊息就是區分事實與觀點。換言之，我們需要清楚什麼是事實，什麼是觀點。

◆ 何謂事實？

　　事實主要有以下 5 個特徵，如圖 1-1 所示。

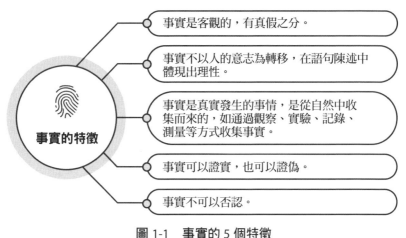

圖 1-1　事實的 5 個特徵

◈ 何謂觀點？

觀點主要有以下 5 個特徵，如圖 1-2 所示。

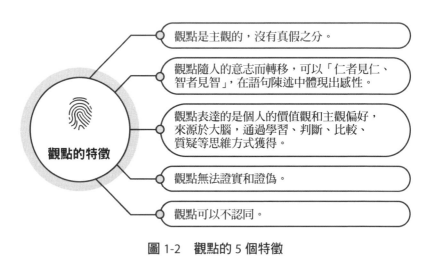

圖 1-2　觀點的 5 個特徵

了解了事實和觀點的特徵後，我們一起來看看下面幾組
訊息。

> 籃球是圓的。
>
> 籃球比羽毛球更受歡迎。
>
> 牛奶是冰淇淋的原料之一。
>
> 冰淇淋是最好吃的零食。

　　對照事實和觀點的特徵，我們可以準確地區分以上 4 組訊息。

> 「籃球是圓的」「牛奶是製作冰淇淋的原料之一」為事實，是真實存在且可以被證實的。
>
> 「籃球比羽毛球更受歡迎」「冰淇淋是最好吃的零食」為觀點，是個人主觀意識，無法證明。

　　只有深入了解了事實與觀點的概念，掌握了它們的特徵，我們才能很容易地從訊息中辨別出什麼是事實，什麼是觀點。通常來說，我們在為寫作或演講收集素材時，主要收集的是事實，即客觀存在的事情。只有客觀存在的事實才能深刻地論證我們在寫作或演講中要表達的觀點。

1.1.2　訊息區分的迷思

　　在日常工作和生活中，我們實際收集到的訊息可能不像「籃球是圓的」「籃球比羽毛球更受歡迎」這樣很容易區分

事實與觀點，這就會導致一部分人在進行訊息區分時，很容易陷入迷思，將事實與觀點混淆。為此，我們不僅要掌握事實與觀點的定義和特徵，還要深入認識事實與觀點的本質。

在寫作或演講中，我們需要收集的訊息是事實。

事實以呈現客觀存在的事情為目的，只有事實才能為思考提供原料，幫助我們更好地思考問題、分析問題。

事實之外的其他訊息為觀點，是寫作或演講需要避免的訊息。

觀點通常以自身的傳播為目的，基於這個目的，人們的觀點可能帶有個人情緒，甚至是謠言。這種訊息很容易誤導讀者或聽眾，嚴重的甚至會觸犯法律。

總之，在寫作和演講時，我們需要的訊息是能夠為內容提供原料的事實，而不是追求自身傳播的觀點。為此，我們在對訊息進行分析時，一定要挑選出事實，避開觀點。這一點應當作為訊息分析的主要原則。

那麼，我們究竟如何區分事實與觀點，避免陷入訊息區分的迷思呢？

區分事實與觀點主要是按照性質區分，而不是按照結果區分。

一條訊息如果全面闡述了事實，能幫助你更加全面地了解事實，那麼無論它呈現的結果是好的還是壞的，都是一條真實的訊息。

例如，「某員工每個月的業績都不達標」，這條訊息對管理者來說並不是好的，但這是一條真實的訊息，可以通過業績指標查證。

相反，如果一條訊息觀點片面、用詞偏激，那麼哪怕這條訊息呈現的結果是好的，也不是我們需要的。

例如，「我很喜歡某某，所以我覺得這件事某某去做才合適」。這是一條很積極、正面的訊息，但是這條訊息的邏輯非常單薄，觀點片面，無法幫助我們展開思考、分析問題。因此，這條訊息不是寫作或演講中需要的訊息。

綜上，我們在對訊息進行區分時，一定要明確訊息的性質，尋找能夠為我們的思考提供原料，能幫助我們更好地思考

問題、分析問題的事實，避開邏輯單薄、用詞偏激的觀點。

　　無論是寫作還是演講，我們都需要向讀者或聽眾傳達經過審核的真實訊息，即事實。通俗地說，訊息一定要邏輯連貫，經得起推敲，這樣才能確保內容的可靠性。否則，寫作或演講的內容就會失去信譽與公信力，無法吸引讀者或聽眾，甚至會砸了自己的「招牌」。

1.2　訊息梳理

　　訊息梳理最簡單、有效的方式就是運用金字塔原理。

　　運用金字塔原理對訊息進行梳理分為以下 4 個步驟，如圖 1-3 所示。

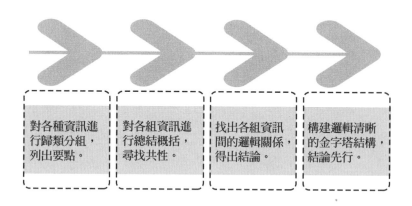

| 對各種資訊進行歸類分組，列出要點。 | 對各組資訊進行總結概括，尋找共性。 | 找出各組資訊間的邏輯關係，得出結論。 | 構建邏輯清晰的金字塔結構，結論先行。 |

圖 1-3　運用金字塔原理進行訊息梳理的 4 個步驟

1.2.1　對各種訊息進行歸類分組，列出要點

人的大腦有一種本能，會自動對接收的各種訊息進行歸類分組。金字塔結構就是從訊息的歸類分組開始的，這也體現了人類思維的基本規律。

正常情況下，人的大腦會將相似的或所處位置相近的事物歸為一類，我們來看下面的一個例子。

> 香蕉　　毛衣　　葡萄
> 桃子　　牛仔褲　　衛生衣

當人們看到上面的詞組時，大腦會自動將香蕉、桃子和葡萄分為一組，將毛衣、牛仔褲和衛生衣分為一組。這主要是因為事物之間的相似性，前者都是水果，後者都是服裝。

人的大腦之所以會自動對訊息進行歸類分組，主要是因為人的大腦能夠記住的訊息是有限的，通過歸類分組可以有效縮減需要記住的訊息。為了說明這一點，我們來看一個工作中的實例。

> 辦公用品短缺，管理者安排行政部採購員去採購一些辦公用品。
> 「麻煩你去採購一些辦公用品，需要一些文件夾、一些風琴包、一台計算機、一個訂書機、一些圓珠筆、一些白板筆、一些迴紋針。」

21

採購員正準備出門採購的時候，管理者又說：「對了，還需要買一些文件盒和一些螢光筆。」

如果採購員不用便箋紙或手機備忘錄將所需採購的辦公用品記錄下來，相信不用等他走進商店，一出門就已經記不住管理者安排他採購哪些辦公用品了。大多數人可能只記住了其中 3 ～ 4 件東西，甚至可能只記得住第一件──買一些文件夾。

導致這個問題產生的主要原因，是人的大腦一次只能記憶不超過 7 個思想、概念或項目。

知名心理學家喬治 · A · 米勒（George, A. Miller）在其論文《奇妙的數字 7±2》中提出「奇妙的數字 7」，米勒認為，人的大腦在短時間內無法同時處理 7 個以上的記憶項目。

通常，大腦在短時間內能記住的訊息只有 3 個，最容易記住的只有 1 個。這就意味著當大腦識別出需要處理的訊息超過 7 個時，就需要對這些訊息進行分組歸類，以便於理解和記憶。如果訊息較為複雜，那麼當訊息超過 4 個或 5 個時，大腦就已經需要進行分組歸類了。

在寫作或演講之前，我們會收集大量的訊息，大多數情況下，這些訊息都會超過 3 個，甚至超過 7 個。為了便於讀

者或聽眾更好地理解和記憶我們表達的內容，我們需要在訊息梳理環節對收集的訊息進行歸類分組，或者用某種邏輯組織它們，使它們更有邏輯、更有條理。

1.2.2　對各組訊息進行總結概括，尋找共性

如果只是按照相似性對訊息進行歸類分組，而沒有對各組訊息進行總結概括，尋找共性，那麼各組訊息依然是單獨存在的，大腦同樣很難記住這些訊息。我們依然以採購辦公用品為例進行說明。

接收到管理者需要購買的辦公用品訊息後，大腦可能會按照商店物品劃分區域對所需購買的物品進行歸類分組。

文件夾	計算機	圓珠筆
風琴包	訂書機	白板筆
文件盒	迴紋針	螢光筆

歸類分組的結果為：文件夾、風琴包、文件盒為一組；計算機、訂書機、迴紋針為一組；圓珠筆、白板筆、螢光筆為一組。但是，即便進行了分組，看上去依然是 9 個獨立的訊息，不便於記憶。

歸類分組的本質不是簡單地分組，其意義是將具有「共性」的事物歸為一類。實際上，大腦在歸類分組的時候就已經找到了事物之間的「共性」。例如，之所以將文件夾、風琴

包、文件盒分為一組，是因為它們都屬於文件管理用品，將計算機、訂書機、迴紋針分為一組，是因為它們都屬於桌面辦公文具，將圓珠筆、白板筆、螢光筆分為一組，是因為它們都是書寫工具。這樣分組後，大腦只需要記住文件管理用品、桌面辦公文具和書寫工具 3 組訊息即可。

在實際收集訊息並對訊息進行歸類分組時，我們可能很難直觀地看出訊息的「共性」，因此，我們還需要對分組後的訊息進行總結概括，尋找共性，用一個詞來概括整組訊息。

例如，小李剛剛成為一名課程顧問，他了解到自己的工作內容包括收集與課程相關的資料、招募助教、設計課程內容、主持開班和結課儀式、更新課程內容、設計學習活動、安排培訓日程、對新助教進行培訓。

根據金字塔原理，小李將內容相似的工作分為一組，如圖 1-4 所示。

分組後，小李要對每一組訊息進行概括，尋找共性。第一組訊息與課程內容有關，可以概括為「設計和更新課程」；第二組訊息與助教有關，可以概括為「助教招募與管理」；第三組訊息與學習活動有關，可以概括為「設計與實施學習活動」。這樣將 8 組訊息概括為 3 組訊息，更容易記憶。

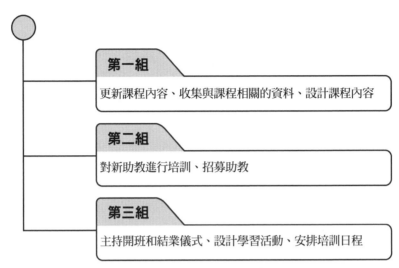

第一組

更新課程內容、收集與課程相關的資料、設計課程內容

第二組

對新助教進行培訓、招募助教

第三組

主持開班和結業儀式、設計學習活動、安排培訓日程

圖1-4　對工作內容進行歸類分組

在對訊息進行歸類分組時要注意，我們是因為訊息間存在某種相似性而將它們歸為一類的。這種相似性就是我們要尋找的「共性」。

1.2.3　找出各組訊息之間的邏輯關係，得出結論

我們對訊息進行歸類分組、尋找共性的目的是方便記憶，但是如果每組訊息之間沒有建立邏輯關係，每組訊息各要點之間沒有邏輯關係，那麼即便將一組 8 個訊息分為分別由 3 個、2 個、3 個訊息組成的 3 組訊息，合起來依然是 8 個單獨的訊息。要解決這個問題，我們就要將 8 個訊息變成便於記憶的 3 組訊息，就要找出各組之間及各要點之間的邏輯關係，得出結論。

我們以課程顧問的工作內容為例，說明各組訊息之間的

邏輯關係。

在「對各組訊息進行總結概括，尋找共性」中，我們已經對訊息進行了分組，並找到了各組之間的共性，如表 1-1 所示。

表 1-1 課程顧問的工作內容歸類分組及其共性

設計和更新課程	招募和管理助教	設計與實施學習活動
更新課程內容	對新助教進行培訓	主持開班和結業儀式
收集與課程相關的資料	招募助教	設計學習活動
設計課程內容	/	安排培訓日程

對課程顧問的工作內容進行歸類分組依然屬於表層思維，要進行深層次思考，便於大腦記憶，我們還必須對訊息進行推理，提高大腦對訊息理解的抽象層次。簡單地說，就是要繼續探尋各組訊息之間的邏輯關係。

上述例子中，我們可以對照課程顧問的工作流程尋找各組訊息之間的邏輯關係。

作為課程顧問，首先要設計和更新課程，其次要根據課程內容設計與實施學習活動，最後要根據教學實際情況招募和管理助教。因此，各組訊息之間的邏輯關係如圖 1-5 所示。

圖 1-5　各組訊息之間的邏輯關係

　　找到各組訊息之間的邏輯關係後，我們大腦的抽象層次就提高了，我們可以按照梳理出的邏輯關係輕鬆記憶 3 組訊息。但是，要想記住更具體的訊息，我們還需要繼續尋找每組訊息下的各要點之間的邏輯關係。我們以「設計和更新課程」為例，找出各要點之間的邏輯關係。

　　「設計和更新課程」的內容包括更新課程內容、收集與課程相關的資料和設計課程內容。我們可以對照實際的工作流程梳理這 3 個訊息之間的關係。設計和更新課程內容首先需要收集與課程相關的資料，其次要根據資料設計課程內容，最後要根據實際情況更新課程內容。接下來，我們可以用同樣的方法對「設計與實施學習活動」和「招募和管理助教」2 組訊息中各要點之間的邏輯關係進行梳理。

　　確定好每項工作中各要點之間的邏輯關係後，我們就可以對課程顧問的工作內容做進一步的梳理，如圖 1-6 所示。

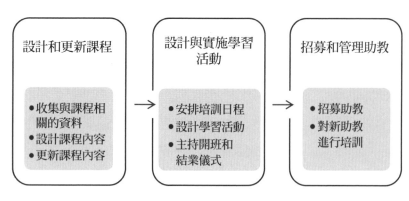

圖 1-6　課程顧問的工作內容

　　找出各組之間及各要點之間的邏輯關係後，我們就無須記住 8 個訊息，只需要記住 8 個概念分別歸屬的 3 個組。

　　我們從金字塔結構的角度研究一下實際的表達呈現問題。在實際的表達中，我們要做的是將梳理的訊息傳達出去，讓受眾理解我們所表達的思想。但是，如果我們只是一組一組地傳達訊息，將很難讓受眾明白我們要表達什麼。

　　相關研究表明，最能夠讓對方理解的表達方式是先提出總的核心思想，然後再列出具體訊息，即要自上而下地表達思想。因此，找出各小組及各要點之間的邏輯關係後，我們還要得出結論。

1.2.4　構建邏輯清晰的金字塔，結論先行

　　「對各種訊息進行歸類分組，列出要點」「對各組訊息進行總結概括，找出共性」「找出各組訊息之間的邏輯關係，得出結論」，這 3 個步驟其實都是為構建邏輯清晰的金字塔結構

服務的。金字塔結構要求寫作或演講之前必須釐清表達的思想順序。

> 清晰的思想順序就是結論先行，然後再列出具體的思想，即自上而下地表達。

通常來說，讀者或聽眾只能一句一句地接收和理解我們要表達的思想。他們的大腦會自動將我們表達的思想按照一定的邏輯關係聯繫起來，以便了解每一組、每一句訊息所表達的思想。

但是，由於人們受教育程度、認知程度的不同會導致理解差異，所以他們很難按照我們的思維方式和邏輯方式理解我們所表達的思想。也就是說，他們很可能與我們的邏輯完全相反，做出相反的解讀。即便他們與我們的邏輯方式一致，我們的表達也可能在無形中增加了他們的閱讀難度，因為他們要一邊閱讀一邊尋找邏輯關係。因此，為了提升閱讀效率和體驗感，我們必須提前將邏輯關係明確地告訴讀者或聽眾。

事實表明，有效的表達遵循自上而下的順序，其他順序都可能造成理解誤差。舉個例子，假設王林想邀請宋元去餐廳吃飯，王林給宋元發訊息說：

「我周末出去逛街的時候看到一家餐廳門口很多人排隊，估計他們家的菜味道不錯。等位時間大概要40分鐘。」

在接收到這段訊息時，宋元應該會主動思考一個問題：「為什麼要發這段訊息給我呢？」這時，宋元會假設各種原因，如「可能只是單純分享一下自己的周末生活」，或者「也許他想去那家餐廳嘗試一下」，又或者「他不喜歡去排隊人數多的餐廳吃飯」。在做出各種原因假設後，宋元會等待王林接下來的表達。王林可能會接著說：

「我在某社交平臺上也看到很多人推薦這家餐廳呢！」

聽完王林的這段話後，宋元可能依然不太理解王林想表達什麼。宋元可能認為「也許他並不看好這種人氣很高的餐廳」，或者認為「也許他在尋找自己喜歡的餐廳」。

王林接著說：

「我之前點外賣的時候，在外賣平臺的排行榜上看到這家餐廳在『本地必吃榜』的第一名。」

這個時候，宋元可能認為王林想表達的意思是「這家餐

廳人氣很高」，於是他回應道：「是的，我身邊的朋友也給我推薦過這家餐廳。」

宋元的理解沒有錯，但這並不是王林真正想表達的意思。那麼，王林真正想表達的是什麼呢？我們可以通過圖1-7分析一下。

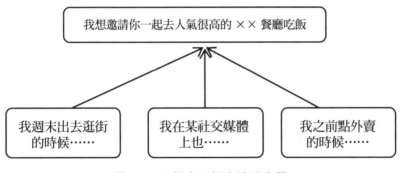

圖 1-7　王林真正想表達的意思

通過圖1-7我們可以看出，王林表達的3句話的結論是「我想邀請你一起去人氣很高的 ×× 餐廳吃飯」。如果王林一開始就說明自己的結論，就不會造成溝通過程中宋元的猜想和誤會。

可見，是否提前告訴讀者或聽眾結論對理解誤差的影響有多大。

在實際寫作或演講中，如果讀者或聽眾需要絞盡腦汁去尋找各思想之間的聯繫，他們就很難真正理解我們想表達的意思，甚至他們很可能會放棄閱讀或聽講。所以，為了確保讀者或聽眾能夠準確理解我們所表達的思想，可以按照我們的邏輯結構組織訊息，我們必須做到「結論先行」，然後再

按照一定的結構順序表達具體的思想。為此，在進行訊息梳理時，我們應當遵循金字塔原理，按照「結構先行，自上而下呈現思想」的原則搭建邏輯清晰的金字塔結構。

1.3 訊息分析與檢查

為了確保分組後的訊息沒有重疊或遺漏，我們還需要對每一組訊息進行分析與檢查。在對訊息進行分析與檢查時，我們除了要遵循 MECE 原則，還要確保金字塔結構中的訊息符合以下 3 個規則，如圖 1-8 所示。

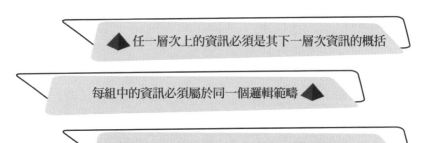

任一層次上的資訊必須是其下一層次資訊的概括

每組中的資訊必須屬於同一個邏輯範疇

每組中的資訊必須按照邏輯順序組織

圖 1-8　金字塔結構中的訊息必須符合的 3 個規則

1.3.1　任一層次上的訊息必須是其下一層次訊息的概括

我們對訊息進行歸類分組、概括，並以自上而下的方式整理出來後，訊息的結構會如圖 1-9 所示，每個方框代表你想要傳遞的訊息。

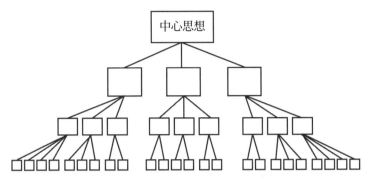

圖 1-9　訊息應組成單一結論統領下的金字塔結構

　　人的思考是從最低層次開始的，會將句子按照某種邏輯組織成段落，將段落按照某種邏輯組織成章節，最後將章節按照某種邏輯組織成一篇完整的文章。能夠代表整篇文章的是立於金字塔塔尖的中心思想，也是我們前面提到的結論。因此，在寫作或演講的過程中，我們應當遵循自下而上思考的原則。

　　假設你現在要將 9 個句子組成一個段落。為什麼要將這 9 個句子組成一個段落呢？原因是你認為這 9 個句子具有某種邏輯關係，能夠總結出共性，用一個概括性的句子表達。這個概括性的句子就是段落的主題。

　　得出段落後，你就可以將原先的 9 個句子看成一個完整的思想。你可以用這種方式對其他句子進行概括，於是得出 4 個段落。你還可以繼續用這種方法將 4 個段落組成一個章節，於是得出 3 個章節。再對 3 個章節進

行概括，總結出文章的中心思想。這樣，一個完整的金字塔結構就構建成功了。

從上面的內容中可以看出，自下而上的思考過程其實就是不斷對下一層次的思想進行概括和總結，直到形成文章的中心思想。段落的主題是對段落中每一個句子的概括，章節的主題是對每個章節中各個段落的概括，文章的中心思想是對各個章節的概括。從這個角度來看，金字塔結構中的任一層次上的訊息必須是其下一層次訊息的概括。

1.3.2　每組中的訊息必須屬於同一個邏輯範疇

在上面的內容中我們提到，可以將 9 個句子組織成一個段落，將 4 個段落組織成一個章節，將 3 個章節組織成一篇文章。但是，如果要想將句子組織成段落，將段落組織成章節，將章節組織成文章，那麼就必須確保句子之間、段落之間和章節之間有某種邏輯關係。

例如，你可以將鋼筆、捲筆刀、鉛筆、本子放在一個詞組裡，它們的共性是文具，但是不能將鋼筆、捲筆刀、毛巾、紙巾放在一個詞組裡，因為它們之間很難用一個概括性的詞語表達。

在梳理的訊息中，每組中的訊息必須屬於同一個邏輯

範疇。

（1）在同一組訊息中，如果某組訊息中的第一個訊息是做某件事的一個步驟，那麼該組中的其他訊息必須是同一過程的其他步驟。

（2）如果某組訊息中的第一個訊息是導致某件事發生的一個原因，那麼該組中的其他訊息必須是同一件事的其他原因。

（3）如果某組訊息中的第一個訊息是某個事物的組成部分，那麼該組中的其他訊息必須是同一事物的其他組成部分。

對訊息進行分析與檢查最直接、簡單的方法是看看能否用一個詞或一句話概括該組訊息表達的思想。通常，我們可以用「建議」「產生問題的原因」「問題」或「改進措施」等詞語概括思想。

總之，我們可以用各種思想概括每個小組的訊息，但是每組思想必須有相同的邏輯，即屬於同一邏輯範疇。

1.3.3 每組中的訊息必須按照邏輯順序組織

金字塔原理要求每組訊息必須按照邏輯順序組織，通俗地說，就是必須清楚地解釋為什麼將第一組訊息放在第一組，而不是放在第二組或第三組。這個規則可以有效確保被列入同一組的訊息確實屬於這一組，還可以防止相關訊息被遺漏。

例如，你將一些訊息歸為一組，並用「問題」描述這組訊息的共性。但是你要做的還不止於此，你還必須按照某種邏輯順序對這些訊息進行概括，要列出第一個問題、第二個問題、第三個問題……否則，你將很難確定這些訊息是否屬於「問題」的範疇，也不能保證是這些「問題」造成了最後的結果。

在對訊息進行檢查時，我們必須找出每組訊息之間的邏輯順序。訊息之間的邏輯順序主要分為演繹邏輯和歸納推理邏輯兩大類。關於這兩大類邏輯順序，本書將在第 5 章第 3 節中詳細介紹。

1.4　案例演練

訊息的表達方式主要有兩種——行動性訊息和描述性訊息。下面我們將運用前面學習的知識進行演練，對行動性訊息和描述性訊息進行分組。

1.4.1　如何對行動性訊息進行分組

行動性訊息告訴讀者或聽眾要做什麼，主要介紹採取的行動、步驟、流程、動作、行為等。如何對行動性訊息進行分組呢？

首先，將相似的行動性訊息歸為一組。我們來看下面幾

組行動性訊息。

制訂工作計劃　　　　　　與同事互幫互助
提前準備工作所需的資料　　合理分配工作時間
加強與同事的溝通　　　提前了解、熟悉工作內容

我們可以按照相似性對上面 6 個訊息進行歸類分組，如
圖 1-10 所示。

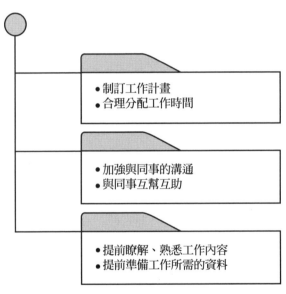

圖 1-10　對行動性訊息進行歸類分組

37

其次，我們要對這些訊息進行概括、總結，即尋找共性，如圖 1-11 所示。

圖 1-11　尋找行動性訊息的共性

最後，我們要得出結論，即要對提煉出的訊息進行進一步的概括、總結。對行動性訊息進行概括總結時，我們應說明採取行動取得的結果、效果。例如，「做好時間規劃」「做好工作準備」「加強團隊協作」產生的結果是提高工作效率。

由此，我們就了解並掌握了行動性訊息的分組方式，並且可以據此構建金字塔結構，如圖 1-12 所示。

對行動性訊息進行分組的關鍵在於對行動性訊息進行概括時，一定要指出採取行動後產生的結果。

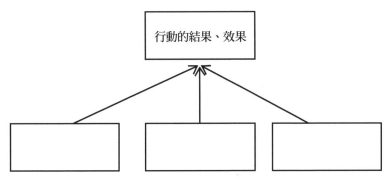

圖 1-12　能產生結果的行動性訊息

1.4.2　如何對描述性訊息進行分組

描述性訊息告訴讀者或聽眾關於某個事物的訊息、情況，主要介紹事物的背景、訊息。如何對描述性訊息進行分組呢？

首先，將相似的描述性訊息歸為一組。我們來看下面幾個描述性訊息。

每個月做一次美甲	早睡早起
每周去 3 次健身房	不喝碳酸飲料
每天的衣服都會認真搭配	出門一定會化妝

我們可以按照相似性對上面 6 個訊息進行歸類分組，如圖 1-13 所示。

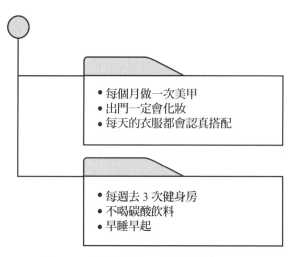

圖 1-13　對描述性訊息進行歸類分組

　　其次，我們要對這些訊息進行概括、總結，尋找共性，如圖 1-14 所示。

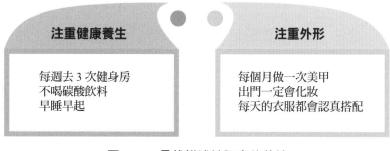

圖 1-14　尋找描述性訊息的共性

　　最後，我們要得出結論。對描述性訊息進行概括總結時，我們應說明這些訊息具有共同點的意義。例如，「注重健康養生」「注重外形」的共同意義是注重生活品質。由此，我們就了解並掌握了描述性訊息的分組方式，並且可以據此構建金字塔結構，如圖 1-15 所示。

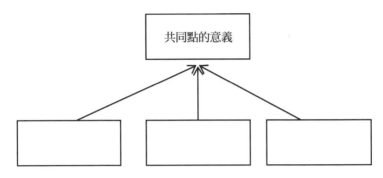

圖 1-15　具有共同點的各種描述性訊息

　　對描述性訊息進行分組的關鍵在於對描述性訊息進行概括時，一定要說明這些訊息具有共同點的意義。

　　最後要強調的是，無論是對行動性訊息進行概括，還是對描述性訊息進行概括，都必須有能夠直接說明思想的句子，即要通過概括的句子讓讀者或聽眾一下就明白你想表達什麼。總地來說，行動性消息要說明採取行動後產生的結果，描述性訊息要說明這些訊息具有共同點的意義。

第 2 章

結構化思考

如何應用金字塔原理進行系統思考

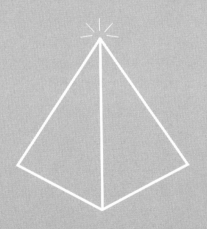

金字塔原理實際上採用的是系統思考方式，也可稱之為結構化思考方式。這種思考方式可以讓我們表達的思想系統化、結構化，更易於受眾理解、記憶。

金字塔的系統思考方式的核心思想是明確金字塔同組訊息之間有且僅有的兩種邏輯關係——演繹推理和歸納推理。也就是說，如果我們能夠清楚分辨金字塔結構中同組訊息之間的邏輯關係是演繹關係還是推理關係，並採用合適的邏輯關係組織思想，那麼就等於掌握了金字塔原理的系統思考方式。

2.1　結構化思維

　　快速地寫出有價值、有深度、有邏輯的文章，或者在演講中更加有邏輯地表達自己的觀點，是很多人都希望擁有的能力。這就要求我們必須具備結構化思維。這是因為結構化思維符合人腦的思維習慣，能夠使傳遞的訊息更清楚，更容易被對方接收和理解。

2.1.1　什麼是結構化思維

　　結構化思維也稱為框架思維。

　　在理解結構化思維的概念之前，我們先來看兩個例子。

　　例 1：分組前的詞組和分組後的詞組，如圖 2-1、圖 2-2所示。

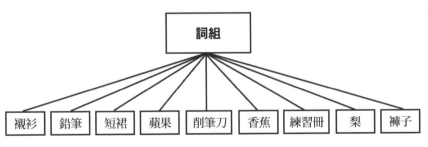

圖 2-1　分組前的詞組

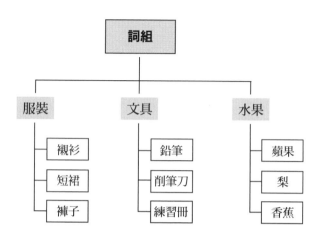

圖 2-2　分組後的詞組

　　例 2：整理前的工作總結和整理後的工作總結，如圖 2-3、圖 2-4 所示。

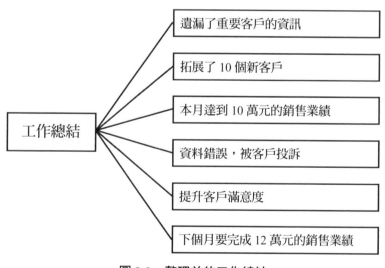

圖 2-3　整理前的工作總結

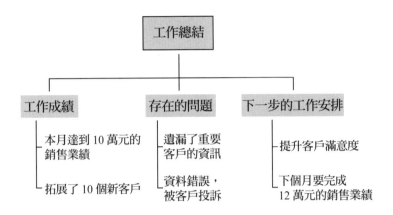

圖 2-4 整理後的工作總結

　　從以上兩個例子可以看出，分組、整理後的訊息比分組、整理前的訊息多了一個維度。也就是說，通過對原來的訊息進行歸類分組讓整體的訊息更有條理和邏輯，更便於記憶。這個分組、整理的思考過程就是結構化思維，它可以讓內容更有條理、問題更加清晰、解決問題更加高效。

　　　所謂結構化思維就是以事物的結構為思考對象，由此展開思考、表達和解決問題的一種思考方法。

　　要想深入了解並掌握結構化思維，我們就必須先了解結構化思維的工具——金字塔原理。金字塔原理的核心理論是結論先行、自上而下表達、歸類分組、邏輯遞進。這些理論的思考過程也就是我們所說的結構化思維。換句話說，掌握了金字塔原理也就等於掌握了結構化思維。

2.1.2　結構化思維的 3 大要素

　　基於金字塔原理，我們歸納總結出結構化思維的 3 大要素，分別為主題鮮明、歸類分組和邏輯遞進，如圖 2-5 所示。

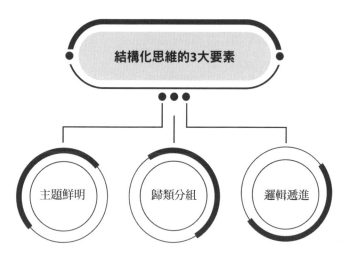

圖 2-5　結構化思維的 3 大要素

　　1. 主題鮮明：有清晰的中心思想

　　結構化思維要求結論先行。結論也就是我們所說的主題，無論是寫作還是演講，主題一定要明確，讓對方知道你想表達的觀點是什麼。如果主題含糊不清，即便「結論先行」，對方也很難清楚你想表達什麼。

　　鮮明的主題通常具有以下 3 個特點，如圖 2-6 所示。

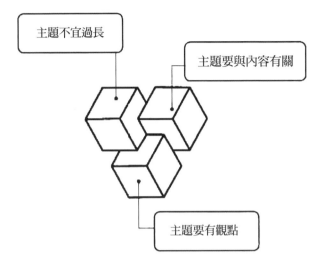

圖 2-6　鮮明主題的 3 個特點

（1）主題不宜過長。過長的主題會造成理解困難，表達不清晰等問題。

（2）主題要與內容有關，不能脫離主題談內容。

（3）主題要有觀點。主題是關於討論的內容持何種觀點，所以主題必須明確表達觀點。

有了清晰的中心思想後，在文章開頭或演講的開始階段就可以先說明結論，以吸引讀者或聽眾的眼球。當然，結論先行並不是說要在第一句話就把主要觀點拋出來，一個好的結論除了主要觀點外還包括情境、衝突和疑問。結論先行也要掌握一定的技巧。

結論先行可以採用 SCQA 模型，相關內容將在第 5 章第 5 節詳細介紹。

2. 歸類分組：同類訊息歸為一組

結構化思維要求訊息可以有邏輯、有條理地呈現出來，以便於理解和記憶。為了實現這一目標，我們需要對訊息進行歸類分組，這是結構化思維的核心動作。

歸類分組，其實就是將同類訊息歸為一組。對訊息進行歸類分組時可以按照以下 3 個步驟展開，如圖 2-7 所示。

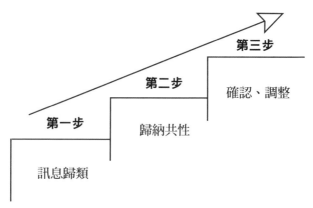

圖 2-7　對訊息進行歸類分組的 3 個步驟

（1）**訊息歸類**。列出所有的訊息選項，對相似的訊息進行分組。

（2）**歸納共性**。查看每組中的訊息，將它們的共性總結出來，並用一個詞來概括整組訊息。

（3）**確認、調整**。仔細查看上一步的分組，確認每組的訊息屬於同一個範疇。如果發現有的訊息不屬於同一個範疇，那麼就要進行補充或調整。

在歸納分組時要遵循 MECE 原則：分組的各部分內容之

間要相互獨立，沒有重疊；所有部分完全窮盡，沒有遺漏其他訊息。

3. 邏輯遞進：橫向層次有遞進關係，縱向層次有邏輯關係

邏輯遞進是指文章或演講內容的整個結構中、各層、各組都是邏輯緊密地聯繫在一起的。邏輯遞進關係主要分為兩種。

（1）橫向層次有遞進關係。

橫向遞進關係主要包括**時間順序**、**結構順序**和**程度順序**。

時間順序即根據事情的前因後果組織訊息的一種邏輯順序。也就是說，當我們必須採取多種行動（產生結果的原因）才能達到某種結果時，這些行動只能按照時間的先後順序進行。通常，在闡述產生某種結果的原因集合時會採用時間順序，如圖 2-8 所示。

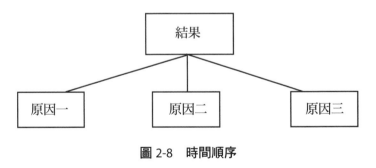

圖 2-8　時間順序

結構順序也稱為空間順序，是指將整體分割為部分，或將部分組成整體。通常，在繪製組織結構圖時會採用結構順序，如圖 2-9 所示。

51

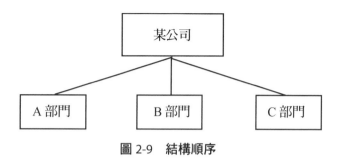

圖 2-9　結構順序

程度順序也稱為重要性順序，是指將類似事務按重要性歸為一組，如從高到低、從大到小、從重要到次要等進行歸類分組，如圖 2-10 所示。

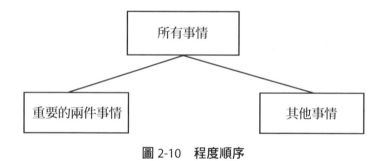

圖 2-10　程度順序

（2）縱向層次有邏輯關係。

縱向邏輯關係主要包括**演繹推理**和**歸納推理**。演繹推理是指從一般歸類推到具體事實，歸納推理是指從大量個例中總結出一般規律。本章的第 2 節和第 3 節將對演繹推理和歸納推理進行詳細的闡述。

掌握好結構化思維的3大要素後，我們便能夠逐漸建立起結構化思維。在結構化思維方式下呈現出的內容會更加清晰、完善、有條理，更能有效提升我們的寫作能力和表達能力。

2.2　演繹推理的思考邏輯

　　日常生活中，人們在思考或尋找解決問題的方案時會更多地使用演繹推理。為了符合讀者的思維習慣，提升閱讀效果，寫作者應當掌握演繹推理的思考邏輯，並用這種邏輯清晰地呈現自己的思想。

2.2.1　什麼是演繹關係？

　　演繹關係的思想是按照演繹順序（論證順序）組織的。在演繹關係中，最後得出的結論是由前面幾個承前啟後的論述組成的。

　　我們來看一個演繹關係的例子，如圖 2-11 所示。

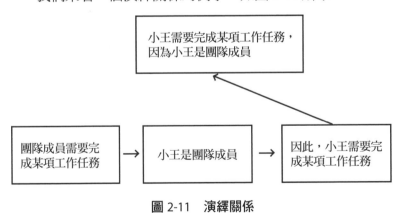

圖 2-11　演繹關係

　　以上就是典型的演繹關係，從「團隊成員需要完成某項工作任務」「小王是團隊成員」這兩個承前啟後的論述推導出

「小王需要完成某項工作任務」的結論。具體來說，演繹關係有以下6個特徵。

1. 演繹關係是從一般到特殊的推理

例如，圖 2-11 的例子中，「團隊成員需要完成某項工作任務」是一般性前提，最後推理出「小王需要完成某項工作任務」是個別結論，也就是我們所說的「特殊」。

2. 演繹關係中的「前提」通常蘊含著「結論」

例如，圖 2-11 的例子中，從「團隊成員需要完成某項工作任務」這個前提，推理出「小王需要完成某項工作任務」這個結論。實際上，「團隊成員需要完成某項工作任務」本身就包含了「小王需要完成某項工作任務」。

3. 演繹關係的「前提」和「結論」之間有必然的聯繫

演繹關係是從「前提」逐步推理、論證，得出「結論」。例如，圖 2-11 的例子中，從「團隊成員需要完成某項工作任務」「小王是團隊成員」的大前提和小前提，推理出「小王需要完成某項工作任務」。在這種論證方式中，前提和結論之間必定存在一定的聯繫，否則無法得出最終的結論。

4. 演繹關係中，上一層思想是對整個演繹過程的概括

例如，圖 2-11 的例子中，「小王需要完成某項工作任務，因為小王是團隊成員」就是對「團隊成員需要完成某項工作任務」→「小王是團隊成員」→「小王需要完成某項工作任務」的概括。

5. 演繹關係中，每個訊息都是由上一個訊息推導出的

例如，圖 2-11 的例子中，由「團隊成員需要完成某項工作任務」「小王是團隊成員」，推導出「小王需要完成某項工作任務」。

6. 演繹關係中，第二個訊息是對第一個訊息的主語或謂語做出的評述

例如，圖 2-11 的例子中，「小王是團隊成員」是對「團隊成員需要完成某項工作任務」這個訊息的主語「團隊成員」做出的評述。

存在演繹關係的訊息一定符合以上 6 個特徵，我們可以對照以上特徵判斷訊息之間的邏輯關係是否為演繹關係。

2.2.2　演繹推理的思考步驟

演繹邏輯是一種線性推理方式，是一個由大前提和小前提推導出一個由「因此」得出結論的推理方式。

對照演繹關係的幾個特徵，我們可以推演一下演繹推理的過程，如圖 2-12 所示。

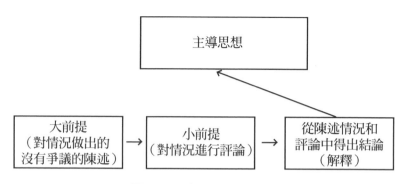

圖 2-12　演繹推理的過程

　　演繹推理實際上是「三段論」形式，即由一個大前提和一個小前提推導出一個結論。基於「三段論」，演繹推理可以通過以下思考步驟展開。

　　第一步，陳述已經存在的某種情況（該情況不存在爭議，是事實）。

　　第二步，陳述同時存在的相關情況，當第二個陳述是對第一個陳述的主語或謂語做出評述時，那麼說明兩者之間存在一定的關係。

　　第三步，對陳述的兩種情況同時存在時做出結論（解釋）。

　　除了以上思考步驟，我們也可以按照以下思考步驟進行演繹推理。

第一步，存在的問題或現象。

第二步，產生問題的原因。

第三步，解決問題的方案。

為了深入認識演繹推理的思考步驟，我們來看看下面幾個例子，如圖 2-13 所示。

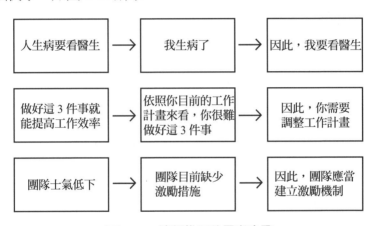

圖 2-13　演繹推理的思考步驟

以上幾個例子都是按照「三段論」的思考步驟展開的，而且每一個思想都滿足演繹關係的特徵。在進行演繹推理時，我們要明確演繹關係的特徵，並按照以上思考步驟展開推理。

2.2.3 演繹推理在應用中的利弊

演繹推理是人們思考、解決問題時常用的一種推理方法，也是人們在表達思想時採用較多的一種思考方法。雖然演繹推理是一種有效的思考方式，但也存在一定的弊端。換言之，應用演繹推理解決問題時有利有弊。

演繹推理在實際應用中的利弊如圖 2-14 所示。

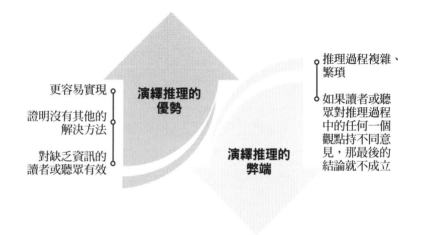

圖 2-14　演繹推理在實際應用中的利弊

1. 演繹推理的「利」

演繹推理在實際應用中有以下 3 個有利之處。

（1）更容易實現。

相對來說，演繹推理比歸納推理更容易實現。這是因為人們傾向於按照思維發展的順序思考，而思維發展的順序通常是演繹順序。

（2）證明沒有其他的解決方法。

演繹推理是一種嚴格的論證式的推理方法，具有條理清晰、令人信服的作用，可以向讀者或聽眾證明該問題沒有其他解決方案。

（3）對缺乏訊息的讀者或聽眾有效。

當讀者或聽眾缺乏相關的訊息時，他們就會選擇相信你推理得出的結論。

2. 演繹推理的「弊」

演繹推理在實際應用中有以下 2 個弊端。

（1）推理過程複雜、繁瑣。

單一的演繹過程比較簡單，如由「人需要吃飯」「我是人」推理出「我需要吃飯，因為我是人」。但是如果將兩個或兩個以上的演繹過程連接起來時，我們會發現這個推理過程十分複雜、繁瑣。

孫亮的工作能力足以完成當前的工作任務。
但是孫亮最近身體狀況不太好，工作狀態不佳。
因此，孫亮很難完成當前的工作任務。
孫亮無法完成工作任務會導致專案無法繼續推進。
孫亮無法完成工作任務。
因此，專案無法繼續推進。

下面，我們將上面這些訊息用演繹推理的邏輯方式呈現

出來，如圖 2-15 所示。

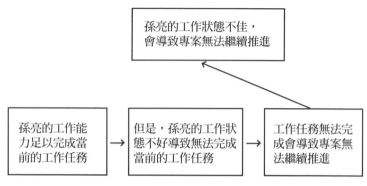

孫亮的工作狀態不佳，
會導致專案無法繼續推進

孫亮的工作能力足以完成當前的工作任務 → 但是，孫亮的工作狀態不好導致無法完成當前的工作任務 → 工作任務無法完成會導致專案無法繼續推進

圖 2-15　連環式演繹推理過程

對比前面介紹的單一的演繹推理過程，我們不難發現，連環式演繹推理的過程十分複雜、繁瑣。這種複雜、繁瑣的推理過程意味著讀者或聽眾在推理出結論之前，需要記住更多訊息。這將給他們的閱讀和理解造成困難，很可能導致他們不願意繼續閱讀或聽講。

（2）如果讀者或聽眾對推理過程中的任何一個觀點持不同意見，那麼最後的結論就不成立。

在演繹推理的過程中，尤其是推理過程比較複雜的時候，很容易出現讀者或聽眾對推理中的某一個觀點持不同意見，導致讀者或聽眾不認同演繹推理的最終結論的情況。例如，圖 2-15 的推理中，如果讀者不認可「孫亮的工作能力足以完成當前的工作任務」這個觀點，那麼演繹推理出的最終結論「孫亮的工作狀態不佳會導致專案無法推進」就不成立，讀者可能會認為導致專案無法推進的主要原因是孫亮的工作能力

不足。這就意味著，寫作者或者演講者沒有成功地傳達訊息，無法達到寫作或演講的目的。

正是由於演繹推理的過程比較複雜、繁瑣，容易造成讀者或聽眾閱讀、理解上的困難，所以我們在寫作或演講中盡量不要過多地使用演繹推理。如果要使用演繹推理，那麼就要注意推理過程盡量不要超過 4 個步驟，推導出的結論不要超過 2 個。此外，在關鍵句層次上要盡量避免使用演繹推理，宜使用歸納推理代之。具體如何做呢？我們一起來看下面的例子。

假設管理者要求員工王威必須改變工作方式。演繹推理的過程如圖 2-16 所示。

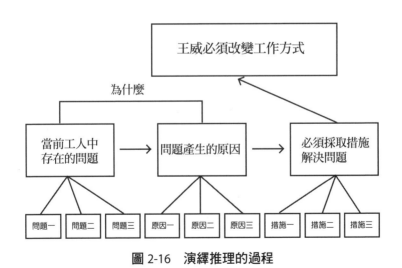

圖 2-16　演繹推理的過程

圖 2-16 的過程看上去比圖 2-15 的過程更複雜、繁瑣，整個過程推理下來會讓讀者或聽眾感覺非常困難、疲憊，很容

易讓其產生放棄的念頭。如果我們用歸納推理表達圖 2-16 的思想，推理過程則如圖 2-17 所示。

　　對比圖 2-17 與圖 2-16，我們可以很直觀地看出，圖 2-17 的結構更清晰、更簡潔，更便於讀者或聽眾閱讀和理解。造成這種區別的關鍵在於圖 2-17 的推理過程在較高層次的思想上使用了歸納推理來表述，在較低層次則使用的是演繹推理。所以，在推理過程比較複雜時，為了便於讀者或聽眾閱讀和理解，建議較高層次的思想使用歸納推理表述，較低層次的思想使用演繹推理表述，也可以使用歸納推理表述。在下一節中，我們會具體介紹與歸納推理相關的內容。

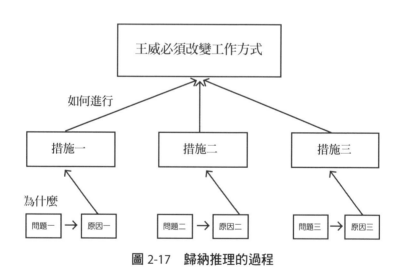

圖 2-17　歸納推理的過程

2.3　歸納推理的思考邏輯

　　在寫作或演講中，歸納推理的應用比演繹推理的應用更加廣泛。這主要是因為歸納推理更便於讀者或聽眾閱讀和理解。因此，歸納推理的思考邏輯是我們需要重點了解和掌握的一種推理方法。

2.3.1　什麼是歸納關係？

　　在歸納關係中，所有思想都具有一個共性，這個共性就是我們所說的結論。

　　我們來看一個歸納關係的例子，如圖 2-18 所示。

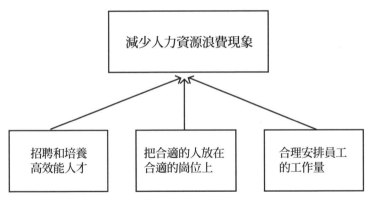

圖 2-18　一個使用歸納法的標準金字塔結構

　　圖 2-18 體現的是典型的歸納關係，從「招聘和培養高效能人才」「把合適的人放在合適的崗位上」「合理安排員工的工作量」這組思想中歸納出「共性」思想——「減少人力資源浪費現象」，這就是結論。

歸納關係有以下 4 個特徵。

1. 歸納關係中，最重要的是找到一個能概括該組所有思想的複數名詞

例如，「招聘和培養高效能人才」「把合適的人放在合適的崗位上」「合理安排員工的工作量」這 3 個思想中提到的「招聘」「培養」「人才」「崗位」「員工」「工作量」都屬於「人力資源」的工作範疇，所以我們可以用「人力資源」來概括這組思想。

> 這個能夠概括該組所有思想的詞必須是複數名詞，原因有以下兩點：
> （1）表示所有一類事物的詞都是名詞；
> （2）該組思想中必定有一個以上該類思想。

所以，找到一個能夠概括該組所有思想的複數名詞，是歸納關係成立的重要依據。

2. 歸納關係中，各思想之間是並列關係

演繹關係中，每一個思想都是由前一個思想推導出的，但是在歸納關係中不存在這種關係。歸納關係中的各思想之間是並列關係。例如，「招聘和培養高效能人才」「把合適的人放在合適的崗位上」「合理安排員工的工作量」這三者之間是並列關係，並不是由前一個思想推導出的。

因此，歸納關係要求正確定義每個思想，並剔除與該組

思想不相稱的思想，否則歸納關係就不成立。

例如，「招聘和培養高效能人才」「把合適的人放在合適的崗位上」「合理安排員工的工作量」「編製年度綜合財務計劃和控制標準」，這組思想中的「編製年度綜合財務計劃和控制標準」明顯屬於「財務管理」範疇的思想，和其他思想不相稱，應該剔除。

3. 歸納關係中，同組思想有相似的主語或謂語

例如，如果把「招聘和培養高效能人才」「把合適的人放在合適的崗位上」「合理安排員工的工作量」這 3 個思想表述完整，其主語都是管理者或企業。

4. 歸納關係中，主要有 3 種邏輯順序

歸納關係的邏輯順序主要有 3 種：時間順序、結構順序、程度順序，這 3 種邏輯順序在第 2 章 2.1.2 中有詳細的介紹。這 3 種邏輯順序既可以單獨使用，也可以結合使用。但每一組歸納關係的思想都必須至少存在一種邏輯順序，並按照這一（些）邏輯順序進行組織。

總而言之，在判斷訊息之間是否為歸納關係時，重點要關注是否有一個複數名詞能夠概括該組所有思想，然後再判斷各思想之間是否是並列關係並且具有某種相似性，比如主語或謂語相同。

2.3.2 歸納推理的思考過程

歸納推理是由特殊到一般的推理方法。具體是指將一組具有共同點的事實、思想或觀點歸類分組，並概括其共性，得出結論。

對照上一節中提到的歸納關係的 4 個特徵，我們推演一下歸納推理的過程，如圖 2-19 所示。

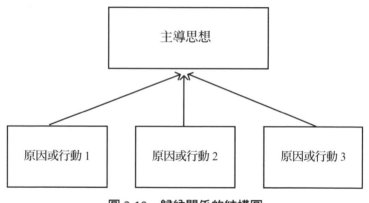

圖 2-19　歸納關係的結構圖

歸納推理的核心是尋找「共性」。因此，在進行歸納推理時，我們的重點工作是找到一個能夠概括該組所有思想的複數名詞。

為了深入理解歸納推理的思考過程，我們來看下面幾個例子，如圖 2-20 所示。

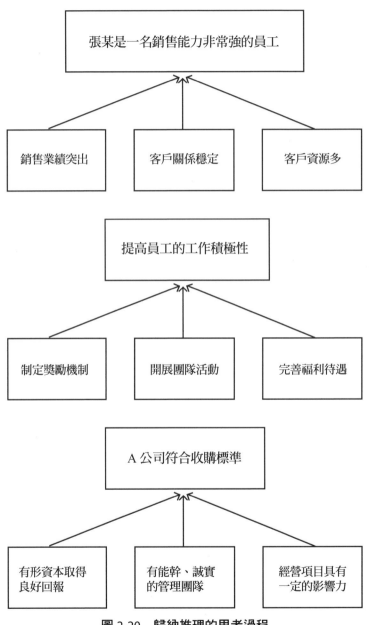

圖 2-20　歸納推理的思考過程

從圖 2-20 的幾個歸納推理的思考過程中，我們很容易發現，每一組思想都可以用一個複數名詞概括，如第一組思想可以用「銷售能力」概括，第二組思想可以用「工作積極性」概括，第三組思想可以用「收購標準」概括。同時，以上幾組思想中的每一個思想都與概括的複數名詞相匹配，即每一個思想都符合該複數名詞的描述。

將具有共同點的思想組織在一起，並用一個複數名詞概括所有思想，然後自上而下地表達，這就是一個完整的歸納推理的思考過程。

為了確定推理是正確的，我們還可以用自下而上的提問方式檢查我們的推理。例如，我們可以提問「制定獎勵機制」「開展團隊活動」「完善福利待遇」都可以達成什麼樣的目標，由此便可以推導出「提高員工的工作積極性」這個結論。

概括來說，歸納推理的思考過程就是歸納分組、概括共性並得出結論的一個過程。

2.3.3　歸納推理在應用中的利弊

歸納推理在實際應用中同樣存在利弊，具體如圖 2-21 所示。

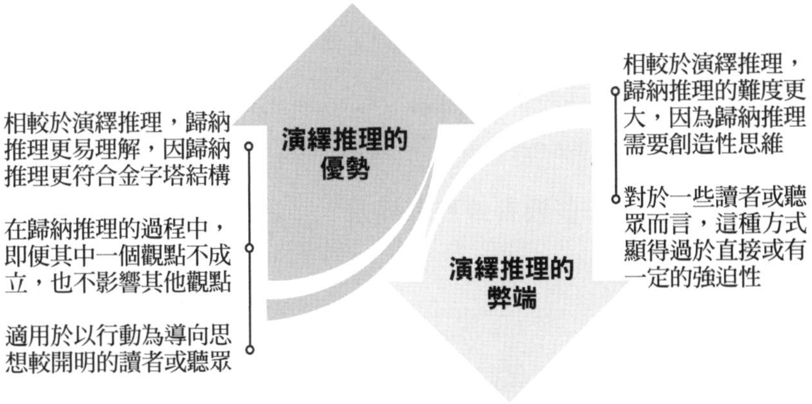

相較於演繹推理,歸納
推理更易理解,因歸納
推理更符合金字塔結構

在歸納推理的過程中,
即便其中一個觀點不成
立,也不影響其他觀點

適用於以行動為導向思
想較開明的讀者或聽眾

演繹推理的
優勢

演繹推理的
弊端

相較於演繹推理,
歸納推理的難度更
大,因為歸納推理
需要創造性思維

對於一些讀者或聽
眾而言,這種方式
顯得過於直接或有
一定的強迫性

圖 2-21　歸納推理在實際應用中的利弊

1. 歸納推理的「利」

歸納推理在實際應用中有以下 3 個優勢。

（1）相較於演繹推理,歸納推理更容易理解,因為歸納
推理更符合金字塔結構。

（2）在歸納推理的過程中,即便其中一個觀點不成立,
也不影響其他觀點。

（3）適用於以行動為導向的、思想較開明的讀者或聽眾。
以行動為導向的讀者或聽眾一般不關注原因,只關注如何行
動,歸納推理更能滿足他們的需求。思想較開明的讀者不會
過多關注邏輯的嚴謹性,即便他們不認同其中的某一個觀點,
也不會影響他們認同其他觀點。

2. 歸納推理的「弊」

歸納推理在實際應用中有以下 2 個弊端。

（1）相較於演繹推理,歸納推理的難度更大,因為歸納
推理需要創造性思維。

在進行歸納推理時，大腦需要發現若干個思想、項目、事件的共性，然後將其歸納到一起，並用概括性的複數名詞進行表述。這個過程要求我們具備較強的創造性思維。

（2）對於一些讀者或聽眾而言，這種方式顯得過於直接或有一定的強迫性。

演繹推理是按照人們思維發展的順序展開的，邏輯比較嚴謹，很容易讓讀者或聽眾接收訊息。相反，歸納推理是按照人們思維發展的相反順序，採取自上而下的表達方式，有一種強迫讀者或聽眾接收訊息的感覺。這種感覺可能導致讀者或聽眾不願意繼續閱讀或聽講。

無論是演繹推理還是邏輯推理，在實際應用中都不是絕對有利或絕對有弊的，我們需要採用辯證的眼光去了解、認識這兩種思考邏輯，根據表達的內容選擇恰當的邏輯推理方式。總之，無論選擇哪一種邏輯推理方式，最終的目的都是讓讀者或聽眾更容易理解、接受我們所傳達的思想。

2.4 案例演練

了解並掌握了結構化思維、演繹推理和歸納推理的思考邏輯後，我們可以通過實際演練，將所學的知識運用到實際工作中。

2.4.1　如何總結工作成果

領導讓陳光總結 8 月的工作成果。陳光接到指令之後，開始收集、整理他在 8 月的工作成果，具體內容如下。

團隊獲得「優秀團隊」稱號　優化績效管理制度
組織高效招聘　　　　　引導員工制定個人發展規劃
調整工作規範的內容　　　團隊業績全公司第一名
團隊績效目標達到 20 萬元　強化風險管理機制
加強培訓工作

這種凌亂的訊息一般不是領導想看到的，所以陳光需要對這些進行整理，有邏輯、有條理地展示出來。

陳光可以運用歸納推理的思考邏輯對以上訊息進行梳理，並構建金字塔結構。

首先，陳光要對收集到的訊息進行歸類分組，即將相似的訊息歸為一組，並對每組訊息進行歸納概括，找出共性，如表 2-1 所示。

表 2-1　訊息歸類分組表

訊息	結論
團隊獲得「優秀團隊」稱號	注重業績，打造高績效團隊
團隊績效目標達到 20 萬元	
團隊業績全公司第一名	
優化績效管理制度	強化管理機制，規範精細管理
調整工作規範的內容	
強化風險管理機制	
組織高效招聘	制定人才機制，重視人才發展
加強培訓工作	
引導員工制定個人發展規劃	

　　然後，陳光可以根據梳理後的訊息搭建金字塔結構，如圖 2-22 所示。

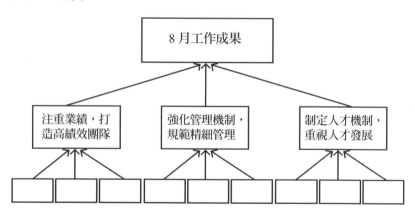

圖 2-22　8 月工作成果的金字塔結構

金字塔結構遵循自上而下的表達順序，即結論先行，然後再闡述各組思想及各個要點。所以，陳光可以按照以下方式向領導匯報其 8 月的工作成果。

……現將 8 月的工作成果總結如下。

注重業績，打造高績效團隊。具體表現在 3 點，第一點是……第二點是……第三點是……

強化管理機制，規範精細管理。具體表現在 3 點，第一點是……第二點是……第三點是……

制定人才機制，重視人才發展。具體表現在 3 點，第一點是……第二點是……第三點是……

總而言之，撰寫工作成果總結就是找出工作中所有比較突出的工作成績和成就，然後概括總結出工作成果，最後運用自上而下的順序表達。這樣，一篇結構嚴謹，邏輯通順的工作成果總結就完成了。

2.4.2 如何撰寫銷售業績分析報告

部門領導讓銷售部門的主管劉曉撰寫一份 10 月的銷售業績分析報告。

劉曉收集到的與銷售相關的訊息如下：

10 月銷售額達 50 萬元　順利推進 2 個重點項目　產品研發有待加強　行銷策略需要改進　A 產品銷售 50 萬件、B 產品銷售 40 萬件　銷售員工作積極性不高　加大對研發團隊的培訓力度和支持力度　銷售服務滿意度達 90 分以上（總分 100 分）　銷售目標：月銷售額 55 萬元　重點業務增長強勁　制定激勵政策　實施多元化的行銷策略　產品研發力度不夠　缺乏員工激勵　行銷策略單一

首先，劉曉可以運用歸納邏輯對收集的訊息進行歸類分組，即將相似的訊息歸為一組，並對每組訊息進行概括，找出共性，如表 2-2 所示。

表 2-2　訊息分組歸類表

訊息	結論
10 月銷售額達 50 萬元	銷售情況和取得的成績
A 產品銷售 50 萬件、B 產品銷售 40 萬件	
順利推進 2 個重點項目	銷售亮點分析
重點業務增長強勁	
產品研發有待加強	存在的問題
銷售員工作積極性不高	
行銷策略需要改進	

產品研發有待加強	
缺乏員工激勵	**原因分析**
行銷策略單一	
加大對研發團隊的培訓力度和支持力度	
制定激勵政策	**改進措施**
實施多元化的行銷策略	
銷售目標：月銷售額 55 萬元	
銷售服務滿意度達 90 分以上（總分 100 分）	**下個月的銷售計劃**

　　對訊息進行整理後，我們可以發現其中一些訊息之間的邏輯關係是演繹關係，如「存在的問題」和「改進措施」。所以，接下來劉曉要做的是認真梳理訊息之間的邏輯關係，並運用恰當的邏輯搭建金字塔結構，如圖 2-23 所示。

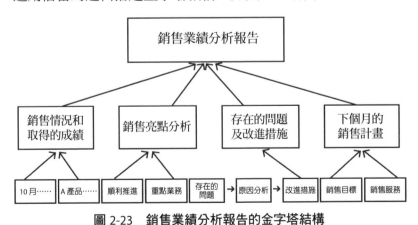

圖 2-23　銷售業績分析報告的金字塔結構

在撰寫銷售業績分析報告時，我們必須考慮報告的對象

——領導最想知道的訊息是什麼。對於領導而言，他們最想知道的訊息一定是銷售結果，所以劉曉要先將銷售情況和取得的成績告訴領導。這一點符合金字塔原理中的結論先行原則。但是，只有結果顯然是不夠的，領導還想知道在取得這個結果的過程中，我們哪些事情做對了，哪些事情存在問題，如何改進，接下來我們準備怎麼做，目標是什麼。

對訊息進行梳理後，銷售業績分析報告可以按照以下結構進行撰寫。

10 月銷售業績分析報告

一、銷售情況和取得的成績。

主要取得了 2 個方面的成績，第一個方面是……第二個方面是……

二、銷售亮點分析。

主要有 2 個銷售亮點，第一點是……第二點是……

三、存在的問題及改進措施。

主要存在 3 個方面的問題，第一個問題是……第二個問題是……第三個問題是……

導致問題產生的主要原因有 3 個，第一個是……第二個是……第三個是……

針對原因可採取 3 個改進措施，第一個是……第二個是……第三個是……

四、下個月的銷售計劃。

主要完成兩大目標任務，第一個是……第二個是……

撰寫銷售業績分析報告其實並不難，我們可以先用歸納邏輯對收集的訊息進行歸類分組，然後再確定每組訊息之間的邏輯關係，並按照恰當的邏輯順序搭建金字塔結構，最後自上而下地表述即可。通常分析報告中會用演繹邏輯分析問題，找出改進問題的措施，所以，撰寫銷售業績分析報告需要同時運用歸納邏輯和演繹邏輯。如何結合兩種邏輯組織訊息應根據訊息之間的邏輯關係而定。

第 3 章

解決問題

如何應用金字塔原理界定、分析和解決問題

在生活或工作中，我們難免會遇到一些問題，如何高效解決這些問題成為我們的迫切需求。解決問題的關鍵在於明確問題在哪裡，並對問題進行深入分析，然後才能找到恰當的解決方案。金字塔原理就可以用來界定問題、分析問題、解決問題。所以說，我們掌握了金字塔原理，也就等於掌握了高效解決問題的方法，它可以幫助我們有效提升生活和工作的品質。

3.1 界定問題

解決問題的前提是能夠清楚地界定問題，也就是要判斷問題是否存在，具體的問題是什麼。這個過程其實就是看我們努力取得的結果與期望取得的結果之間是否存在差距，具體的差距是什麼。

努力取得的結果可以稱之為「現狀」，期望取得的結果可以稱之為「目標」，所以問題就是現實與目標之間存在的差距，界定問題則是要找到這個差距在哪裡，是什麼。

3.1.1 設想問題產生的領域

正常情況下，現狀與目標之間的差距不會憑空產生，而是在某一特定背景下，並在一系列特定條件下產生的。特定的背景或一系列條件可能比較簡單，也可能比較複雜。但是無論如何，我們都要搞清楚問題產生的背景和條件，這是界定問題的關鍵。

A 公司的銷售模式是由銷售員鎖定目標客戶，然後進行線下引流，線上銷售。這種模式持續了 5 年，取得了不錯的成績，銷售額幾乎每年增長 20%。但是到 2021 年年末的時候，相關數據顯示當年的銷售額並沒有增長，而且第二年的銷售額可能會減少 20%。面對這種情況，公司召開會議進行討論，旨在找出問題，採取相應措施，使銷售額保持穩定增長。

我們可以依據問題產生的背景、存在的困難、現狀和目標繪製一個問題界定框架，如圖 3-1 所示。

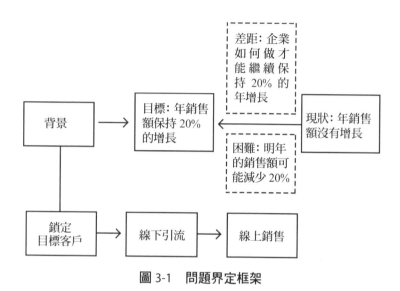

圖 3-1　問題界定框架

現狀與目標之間存在差距，這個差距就是企業當前存在的問題。為了解決問題，我們必須找出出現差距的原因和縮短差距的措施。一般出現差距的原因可以從背景描述的各個領域中尋找。因此，為了明確界定問題，我們要設想問題具體產生於哪一個領域。

上述案例中，問題產生的背景涉及 3 個領域——鎖定目標客戶、線下引流、線上銷售。我們可以設想一下問題產生的領域。A 公司的年銷售額沒有增長的現狀可能產生於「目標客戶」，也可能產生於「線下引流」或「線上銷售」，那麼 A 公司年銷售額沒有增長的原因可能是：

（1）目標客戶名單沒有及時更新；

（2）線下引流力度不夠；

（3）線上銷售轉化率降低。

這一步只是設想，是為尋找問題及問題產生的原因鎖定方向。在實際的工作中，我們遇到問題時都可以從問題產生的背景切入，尋找問題的根源所在。

3.1.2　確定問題處理的現狀

確定問題處理的現狀是指確定問題處於哪一個階段，是已經有解決方案了，還是解決方案已經被接受了。只有明確問題處於哪一個階段，我們才能精準界定問題，有針對性地找出解決問題的方案。

工作中常見的比較基本的問題是「如何從現狀到目標」，其實就是在提問「我們應該做什麼」，如圖 3-2 所示。

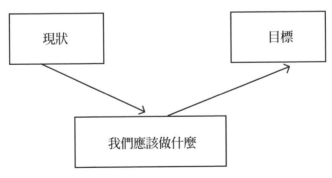

圖 3-2　如何從現狀到目標

在實際工作中，我們遇到的問題大多數都比較複雜。例如，銷售團隊發現了業績不佳的問題所在，並且已經找到了

解決問題的方案，如圖 3-3 所示。

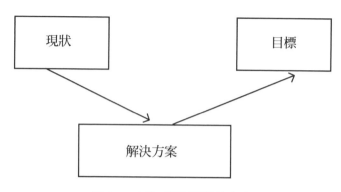

圖 3-3　已知解決問題的方案

在這種情況下，銷售團隊遇到的問題可能是「該方案是否正確」或者「該方案如何實施」，或者說銷售團隊在實施的過程中發現該方案行不通，如圖 3-4 所示。

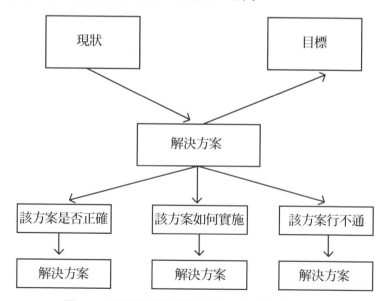

圖 3-4　問題處理的現狀不同，解決方案也不同

對比圖 3-2、圖 3-3 和圖 3-4 可以看出，問題處於不同的階段時，我們需要給出的解決方案也不同。因此，在對問題進行界定時，我們一定要確定問題處理的現狀。

3.1.3 提出適當的疑問

確定問題處理的現狀之後，我們就要進一步提出疑問，以便進一步界定問題。問題處理的現狀不同，提出的疑問也會不同。根據問題處理的不同現狀，或者尋找解決方案的不同初衷，我們通常會提出以下幾個疑問中的一個。

1. 明確當前的現狀必須改變，但是我們不知道目標是什麼

我們已經明確當前的現狀必須改變，但是沒有明確的目標，也不知道如何實現目標。如圖 3-5 所示。

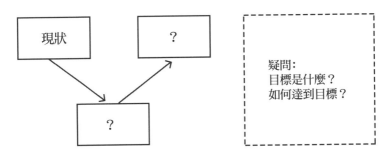

圖 3-5　現狀明確，目標不明確

2. 現在是否存在問題？如果存在問題，我們該如何做

我們已經知道目標是什麼，但是不知道現在是否存在問題，如果存在問題又該怎麼做才能實現目標，如圖 3-6 所示。

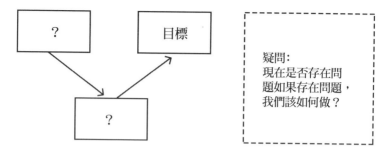

圖 3-6　目標明確，現狀及解決方案不明確

3. 不知道如何從現狀到目標

我們已經明確了問題處理的現狀，同時也明確了問題解決的目標，但是不知道如何從現狀到目標，如圖 3-7 所示。

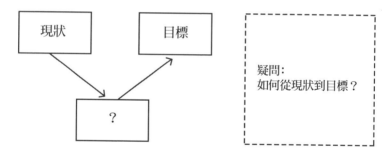

圖 3-7　現狀和目標都明確，解決方案不明確

4. 解決問題的方案是否正確 / 如何實施該解決方案

我們已經知道了解決問題的方案，但是我們不知道該方案是否正確，或者如何實施該方案，如圖 3-8 所示。

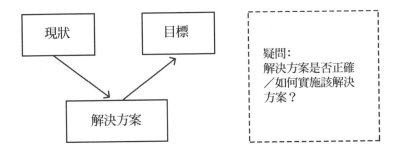

圖 3-8　解決方案是否正確或如何實施

5. 解決方案行不通，下一步該如何做？

　　我們已經知道解決問題的方案，並積極實施了該方案，但是在實施的過程中我們發現該方案行不通。面對這種情況，我們需要明確的就是「下一步該如何做」，如圖 3-9 所示。

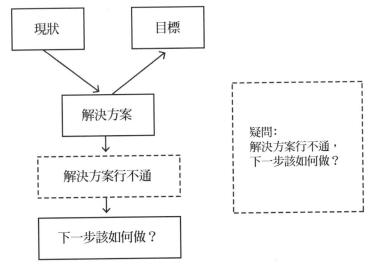

圖 3-9　解決方案行不通

6. 有不同的解決方案，選擇哪一個更好？

有不同的解決方案可供選擇，但是我們不知道哪一個解決方案更好，如圖 3-10 所示。

當我們明確問題產生的領域和問題處理的現狀後，便可以提出適當的疑問，這個疑問就是我們界定的問題。接下來我們要做的就是對問題進行分析，找到解決問題的方案。

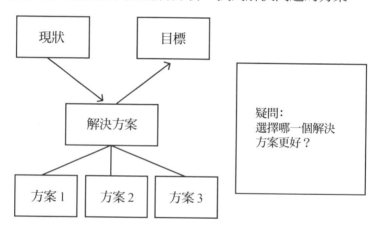

圖 3-10　不同的解決方案如何選擇

3.2　結構性分析問題

大多數人在分析問題之前會大量收集與問題相關的資料，等資料準備齊全後，才開始正式分析問題。但在分析問題的過程中，我們可能會發現有些資料其實與問題的關係並不大。為了將更多的時間和精力投入問題分析中，幫助我們精準地找出解決問題的方案，我們應當對問題進行結構性分

析，即對問題的結構進行劃分，然後假設問題產生的可能原因。完成這項工作之後，我們再有針對性地收集資料，證明或排除導致問題產生的各個原因。

3.2.1　劃分問題結構

結構性分析問題的重點是劃分問題結構，這樣做可以幫助我們找到分析問題時應重點關注的內容。我們在工作中遇到的問題，其產生的領域通常有比較清晰的結構，即由不同的結構或流程組成。我們可以依據該領域的結構或流程呈現問題的詳細結構。

某團隊的銷售業績下降，銷售主管需要找出導致銷售業績下降的問題出在哪裡。銷售主管首先要做的是根據團隊銷售的流程繪製團隊銷售結構示意圖，如圖 3-11 所示。

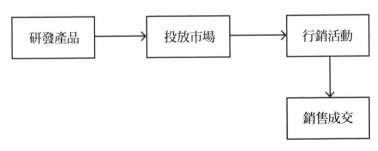

圖 3-11　某團隊產品銷售結構示意圖

圖 3-11 屬於比較簡單的結構示意圖。從該結構圖中我們可以看出銷售的各個環節，從而可以針對這些環節收集相關資料，以確定問題產生於哪一個環節。在實際工作中，有些領域的結構或流程可能比較複雜，涉及的環節比較多。

　　某零售商某月的銷售額大幅下降，零售商要找出導致銷售額下降的原因在哪裡。零售商首先要做的是根據經營流程繪製結構圖，如圖 3-12 所示。

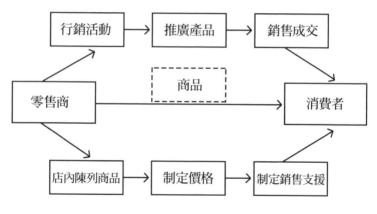

圖 3-12　零售商經營結構示意圖

　　圖 3-12 的結構比較複雜，但是我們可以發現，無論結構或流程多複雜，利用結構圖的方式都可以使各個環節一目了然，便於我們找出問題具體出現在哪一個環節。因此，在對問題進行分析時，我們要學會根據問題所在領域的結構或流程繪製結構示意圖，呈現有形結構。

3.2.2　假設問題產生的可能原因

　　劃分問題結構是為了呈現問題所在領域的詳細結構或流程，這樣有助於我們全面、細致地找出可能存在問題的具體環節。接下來，我們要做的是按照因果關係，假設問題產生的可能原因。

例如，導致企業成本過高的可能原因有以下幾個。

產品研發	管理	維修	人工
服務	物料	銷售	廣告
原料	輔料	每小時工資	工作效率

　　為了使這些原因看上去更清晰、更有邏輯，我們可以利用金字塔原理對這些原因進行歸類分組，如圖 3-13 所示。

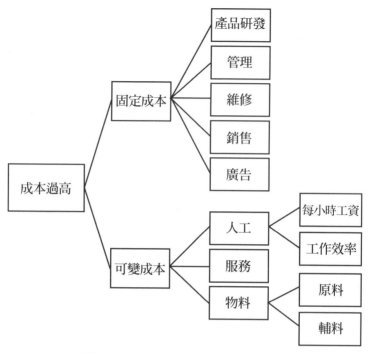

圖 3-13　成本過高的可能原因示意圖

　　這一步我們要做的是假設，因此要遵循金字塔原理中的
MECE 原則，在對可能原因進行歸類分組時做到「相互獨立、
完全窮盡」，這樣才能全面、深入地找出導致問題產生的所有
可能原因。

3.2.3　收集資料以證明或排除所做假設

　　假設問題產生的可能原因中，有些是導致問題產生的原
因，有些並不是導致問題產生的原因。因此，接下來我們要
做的就是有針對性地搜集相關資料，以證明或排除所做的

假設。

首先，我們要針對每一個假設的可能原因收集相關資料。這種有針對性地收集資料的方式，可以幫助我們避免花費太多的時間和精力收集不相關的資料。

其次，我們將收集到的訊息、數據與原因相對應，確定該原因是否為導致問題產生的原因。如果答案是「是」，那麼證明該原因是導致問題產生的原因；如果答案是「否」，那麼就可以排除該原因。

　　張成工作效率低，我們先假設導致張成工作效率低的可能原因，並將這些原因分為內部因素和外部因素，然後繪製問題結構示意圖，如圖 3-14 所示。

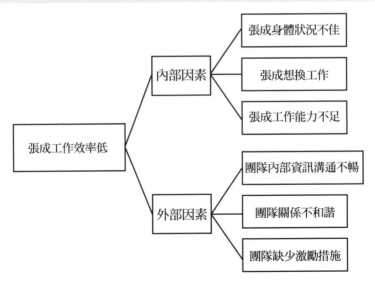

圖 3-14　張成工作效率低的可能原因示意圖

關於張成工作效率低的問題，我們收集到的資料是張成近期生病了。這個資料證明張成身體狀況不佳是導致其工作效率降低的原因。

　　另有資料表明，張成很喜歡當前這份工作，並且制定了職業生涯規劃。通過這個資料，我們可以排除「張成想換工作」這個假設原因。

　　具體如圖 3-15 所示。

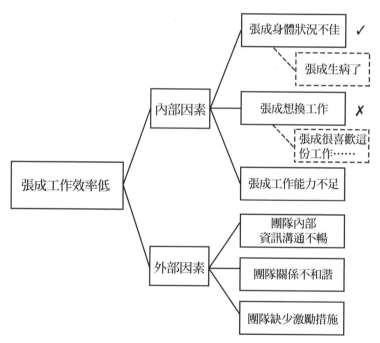

圖 3-15　證明或排除所做的假設

　　按照這種方式，我們可以對假設問題產生的可能原因進行證明或排除，最終找出導致問題產生的最可能原因。

3.2.4　利用魚骨圖確定問題的根本原因

問題產生的最可能原因也許不止一個，其中某些原因其實並不是導致問題產生的根本原因。如果不是導致問題產生的根本原因，那麼我們最終提出的方案可能會「治標不治本」。因此，為了徹底解決問題，我們還需要確定問題產生的根本原因。

我們可以利用魚骨圖來確定問題產生的根本原因。

魚骨圖又名因果圖，是發現問題根本原因的一種分析方法，其結構如圖 3-16 所示。

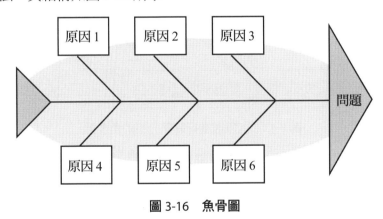

圖 3-16　魚骨圖

那麼，如何利用魚骨圖這個工具確定問題的根本原因呢？

1. 確定需要解決的問題

我們要確定問題產生的根本原因，首先需要確定這個問題是什麼。在界定問題環節，我們就已經確定了問題。現在，將問題寫在魚骨的頭上，如圖 3-16 所示。

2.將導致問題產生的原因按照相似性歸類分組，寫在魚骨上

在「假設問題產生的可能原因」中，我們介紹了對可能原因進行歸類分組，這裡同樣需要進行這一步，即將導致問題產生的最可能原因按照相似性進行歸類分組，並將原因寫在魚骨上，如圖 3-17 所示。

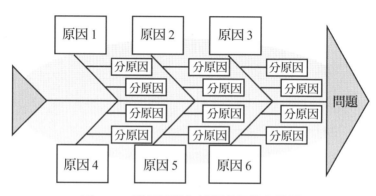

圖 3-17　對原因進行歸類分組的魚骨圖

通過魚骨圖，我們可以很直觀地看出導致問題產生的各個原因，以及各個原因之間的相互影響，這樣有助於我們有條理地展開下一步的工作。

3.收集資料或頭腦風暴

我們需要針對魚骨圖中的各個原因進一步收集資料，然後通過資料確定問題產生的根本原因。經過證明、排除環節之後，魚骨圖中的各個原因都與問題有較強的關聯性，因此如果只是收集資料可能很難確定根本原因，這個時候我們可以邀請各個原因背後的相關人員組織團隊會議，運用頭腦風

暴法對各個原因進行深入討論，最終統一意見，確定問題的根本原因。

魚骨圖分析法其實就是對問題不斷地刨根問底。這種方法能夠幫助我們全面、系統地認識問題、細化問題，進而能夠分析、確定問題產生的根本原因。

3.3 提出解決方案

確定問題產生的根本原因後，下一步我們就要針對根本原因提出解決問題的方案。這一步是解決問題的最後一步。

3.3.1 建立邏輯樹，提出備選方案

很多時候，問題的解決方案可能不只有一種，這個時候我們要做的是將可能的方案都提出來，作為備選方案。我們可以通過建立邏輯樹的方式提出備選方案。

邏輯樹也稱分析樹或分解樹，可以用來將解決方案按照一定的邏輯分層羅列，便於我們提出更多的備選方案。

導致某企業成本過高問題的主要原因是人工成本過高。為了找到降低人工成本的解決方案，我們可以用邏輯樹對各種可能性解決方案按照一定的邏輯進行細分，如圖 3-18 所示。

圖 3-18 將降低人工成本細分為 4 個方面——研發部門人工成本、生產部門人工成本、銷售部門人工成本、其他，然後再將生產部門人工成本細分為每小時人工成本和每年人工成本。

每小時人工成本＝人工總成本／工作時間

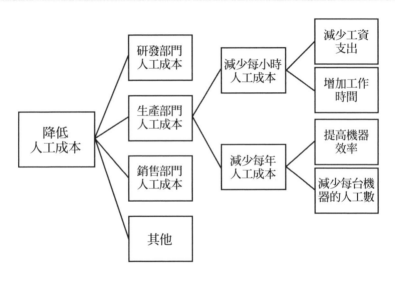

圖 3-18　降低人工成本的方案示意圖

　　由此公式我們可以推導出，要降低每小時人工成本，在工作時間不變的前提下就要降低人工總成本，或者在人工總成本不變的情況下增加工作時間。由此我們可以分析出降低每小時人工成本的解決方案主要有兩種：減少工資支出和增加工作時間。

同理，我們可以分析出減少每年人工成本的解決方案：提高機器效率和減少每臺機器的人工數。

其他部門及其他成本都可以按照上述邏輯進行細分。這樣一來，我們就可以得出所有解決問題的可能性方案，作為備選方案。

用建立邏輯樹的方式可以幫助我們盡可能多地提出備選方案，有利於我們後期找到更有利於解決問題的方案。在這裡我們要注意的是，建立邏輯樹時同樣要遵循金字塔原理中的 MECE 原則，解決方案要做到「完全窮盡，相互獨立」。

3.3.2　建立決策樹，對方案進行分析論證

備選方案可能有很多，但有些方案明顯行不通，而且企業或團隊的時間和精力是有限的，不可能將所有的方案都試行一遍。因此，我們還需要對備選方案進行進一步篩選，選出最佳的解決方案。建立決策樹可以幫助我們對方案進行分析論證，從而選擇出最佳的解決方案。

決策樹實際上是一種十分常用的分類方法，是指在各種方案已經產生效果的基礎上，通過構建決策樹來選出解決問題的最佳方案。因為這種決策分支畫成圖形很像一棵樹的樹幹，故稱為決策樹，如圖 3-19 所示。

1. 決策點

決策點是對備選方案的選擇，即最後選擇的最佳方案。如圖 3-19 所示，從決策點出發引出的分支為方案枝，每個方

案枝代表一個方案。如果決策屬於多級決策，那麼決策樹的中間可以有多個決策點，以決策樹根部的決策點為最終決策方案。決策點在決策樹模型中通常用矩形框來表示。

2. 狀態節點

狀態節點是指備選方案的期望值，期望值的計算公式為：狀態節點的期望值＝Σ（損益值 × 概率值）。通過各個節點的期望值對比，按照一定的決策標準就可以選擇出解決問題的最佳方案。如圖 3-19 所示，由狀態節點引出的分支稱為概率枝，概率枝的數目表示可能出現的自然狀態數目，每個分枝上要注明該狀態出現的概率。狀態節點在決策樹模型中通常用圓形框來表示。

3. 結果節點

結果節點是指每個方案在各種自然狀態下取得的損益值。如圖 3-19 所示，一條概率枝則代表一種可能性，不同的概率枝下取得的損益值不同，所有可能性的概率下損益值相加總和應為 1。結果節點在決策樹模型中常用三角形框來表示。

> 　　某企業為了滿足業務增長需求，擴大產品的生產規模，需在建大廠和建小廠之間選擇最佳解決方案。根據市場調研和預測，產品銷路好的概率為 0.6，銷路差的概率為 0.4。現有兩種方案供企業選擇。
>
> 　　方案一：建大廠，需投資 500 萬元。據初步預估，產品銷路好時，每年可獲利 300 萬元。銷路差時，每年會損失 140 萬元。經營年限為 15 年。

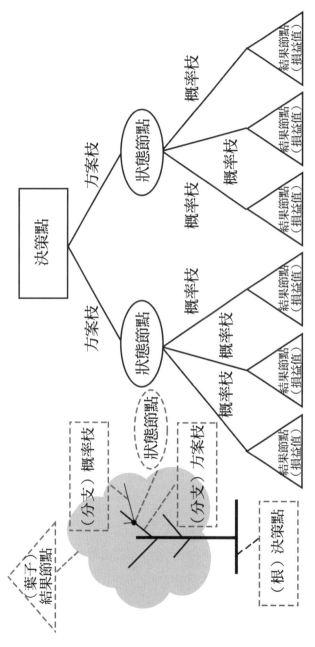

圖 3-19　決策樹模型

方案二：建小廠，需投資 300 萬元。產品銷路好時，每年可獲利 100 萬元。銷路差時，每年仍可獲利 40 萬元。經營年限為 15 年。

企業應該選擇哪種方案呢？

首先，我們可以建立決策樹分析模型，對兩個方案進行深入分析，如圖 3-20 所示。

其次，我們要計算出每個狀態節點的期望值。

期望值的計算公式為：

狀態節點的期望值＝ Σ（損益值 × 概率值）× 經營年限

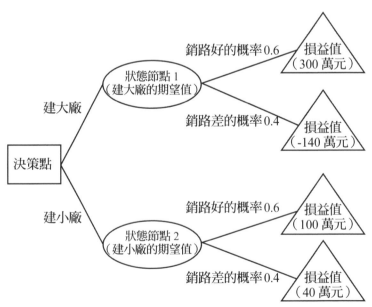

圖 3-20　用決策樹選擇最佳方案

根據公式我們可以計算出兩種方案的期望值：

方案一（狀態節點1）的期望值＝〔0.6×300+0.4×（−140）〕×15 − 500=1,360（萬元）；

方案二（狀態節點2）的期望值＝〔0.6×100+0.4×40〕×15 − 300=840（萬元）。

最後，剪枝，選擇最優方案。

計算結果顯示，方案一的利潤較高，因此方案一是兩個方案中的最優方案。

概括來說，決策樹分析法就是根據實際情況繪製決策樹模型，然後計算各個狀態節點的期望值，最後通過各個節點的期望值對比，按照一定的決策標準便可以選擇最佳方案。

所以，當備選方案太多的時候也無須擔心，我們只需要建立決策樹逐步分析，即可做出一個最有利於解決問題的決策。

3.3.3 建立金字塔結構，傳達解決方案

確定了問題的解決方案並不等於問題解決了，接下來我們還需要將解決方案有效地傳達給執行人員，促進方案更快更準確地落地。要想有效地傳達解決方案就要建立金字塔結構。

解決問題的思路是界定問題、分析問題、提出解決方案，如圖 3-21 所示。

圖 3-21　解決問題的思路

傳達解決方案則遵循金字塔原理——自上而下地表達，即先傳達解決方案，再說明問題，最後分析原因，如圖 3-22 所示。

圖 3-22　傳達解決方案的順序

具體、有邏輯的表達應當建立完善的金字塔結構，如圖 3-23 所示。

在實際工作中，傳達解決方案實際上就是告訴對方：現在存在什麼問題，我們應該做什麼才能解決這個問題，為什麼要做這些事，具體如何做這些事，或者我是如何知道要做這些事的。

運用金字塔結構表達的第一個原則是結論先行，所以我們在傳達解決方案時首先要給出解決方案。給出解決方案也要講究一定的技巧，我們可以使用金字塔原理中的 SCQA 模型。SCQA 模型的結構和內容我們在導讀的圖中已經了解，具體有 4 種結構，包括先介紹情境、衝突，再提出解決方案的標準式結構；先提出解決方案，再介紹情境、衝突的開門見山

式結構；先強調衝突，再介紹情境，最後提出解決方案的突出憂慮式結構；先提出疑問，再介紹情境、衝突，最後提出解決方案的突出信心式結構。

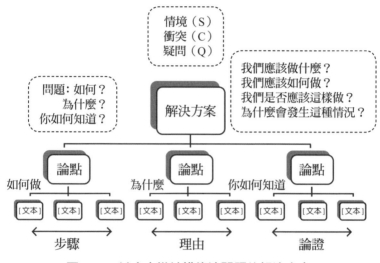

圖 3-23　以金字塔結構傳達問題的解決方案

如圖 3-23 所示，運用 SCQA 模型傳達解決方案時，我們可以採取以下 4 個步驟。

1. 第一步：交代情境、衝突或提出疑問

SCQA 模型有 4 種結構，這 4 種結構並不是固定不變的，也就是說，SCQA 模型的第一步可以先交代情境，也可以交代衝突或者提出疑問。具體先傳達什麼，應該根據我們想突出的內容，或者根據能夠最大程度吸引讀者的表達方式選擇合適的結構。SCQA 模型的主要內容在第 5 章第 4 節會詳細闡述。

2. 第二步：給出解決方案

交代了情境、衝突或提出疑問後，會激發讀者對解決方案的興趣，因此，第二步可以自然而然地引出解決方案。

解決方案屬於 SCQA 模型中的「A」，因為 SCQA 模型不是固定的，所以第二步與第一步可以根據實際情況調換。例如，解決方案非常獨特，可以瞬間抓住讀者的眼球，那麼就可以一開始就給出解決方案，然後再交代情境、衝突或提出疑問。

3. 第三步：明確問題（論點）

給出解決方案後，讀者或聽眾可能會由此產生一些疑問，「為什麼是這個解決方案」「你如何知道這個解決方案可行」等。為了進一步解答讀者或聽眾的疑問，我們需要進一步明確問題，即要圍繞解決方案闡述我們的主要論點。論點之間要盡可能用歸納邏輯，以便於讀者或聽眾理解和接受。

4. 第四步：進一步闡述論點

最後，我們還要對論點進行進一步的闡述，以更大力度支撐我們提出的解決方案，獲得讀者的認同。闡述論點可以用歸納法總結，闡述「如何做」「為什麼」，也可以用演繹法論證觀點，具體應根據論點之間的邏輯關係正確選擇邏輯順序闡述論點。總之，這一步一定要將論點中的要點介紹清楚，涉及策略或方法的內容一定要落地，理由一定要有說服力。

要注意的是，第三步和第四步的順序不可以變動，這一

點遵循的是金字塔原理中的「文章中任一層次上的思想必須
是對下一層次思想的總結概括」。如果第三步、第四步的順
序亂了，那麼思想層次就不對了，傳達的解決方案就會邏輯
不清，不便於讀者理解和記憶。

　　一個完整、高效的解決問題的邏輯是界定問題、分析問
題、提出解決方案，這3個環節的任何一個環節出現問題都
會影響解決問題的效率和效果，尤其是最後傳達方案的環節。
因為只有方案有效地傳達出去，問題才能得以解決。所以，
我們要學會運用金字塔原理搭建傳達解決方案的金字塔結構，
實現有效傳達。

3.4　案例演練

　　界定、分析和解決問題是我們在工作和生活中必備的技
能。本節我們通過工作中的幾個案例演練幫助大家更好地掌
握這個技能。

3.4.1　如何運用 5W2H 結構描述問題？

　　解決問題的前提是要將問題清楚地描述出來，所以我們
需要掌握描述問題的技巧。

　　　某公司決定取消人力資源部門，但遭到了很多人的
反對，老板一時拿不定主意。關於是否取消人力資源部

門，老板關心的問題可能有以下幾個。

為什麼要取消人力資源部門？

如果不取消人力資源部門存在哪些問題？如何解決這些問題？

如果取消人力資源部門，那麼以後與人力資源相關的工作交給誰？

如果交給外包公司，外包公司是否靠譜？外包公司的費用是多少？與保留人力資源部門相比，哪個費用更高？

取消人力資源部門，相關工作交給外包公司後，工作如何交接？

外包公司是否穩定？

……

案例中「是否取消人力資源部門」看似是一個簡單的問題，實際上背後牽扯很多細節問題，如果只是像上述那樣表達，很容易讓讀者或聽眾感到迷惑，不知道我們到底想要表達什麼。為此，我們可以用 5W2H 結構對案例中的問題進行更有邏輯的描述，如圖 3-24 所示。

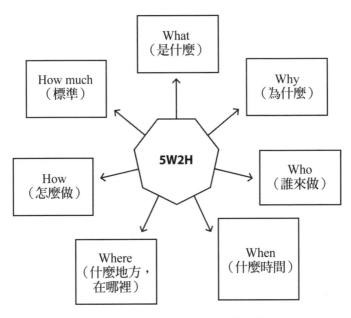

圖 3-24　5W2H 結構的具體內容

　　實際上，我們並不需要將所有問題都描述出來，只描述讀者或聽眾關心的主要問題即可。所以，在運用 5W2H 結構描述問題的時候，我們可以選擇性地回答其中的問題。

　　在 5W2H 中，比較常用的是 What（是什麼）、Why（為什麼）、How（怎麼做）這 3 個核心問題，它們能夠清晰地描述解決問題的方案。

　　下面我們針對上述案例中的這 3 個核心問題搭建金字塔結構。

　　首先，我們先搭建「取消人力資源部門」的問題結構，如圖 3-25 所示。

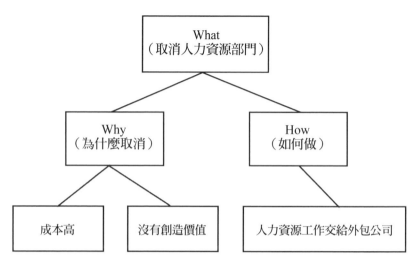

圖 3-25　取消人力資源部門的 5W2H 結構

　　同樣，我們也可以使用同樣的方法搭建「不取消人力資源部門」的問題結構，如圖 3-26 所示。

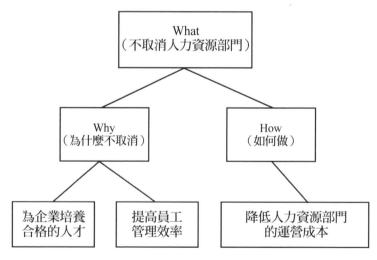

圖 3-26　不取消人力資源部門的 5W2H 結構

可見，無論做出何種決策，只要運用 5W2H 結構都能清楚地描述問題，幫助我們高效地找出解決問題的方案。

3.4.2　如何解決產品研發過程中的問題

當產品研發過程中遇到問題時，我們可以用本章學到的方法來解決問題。

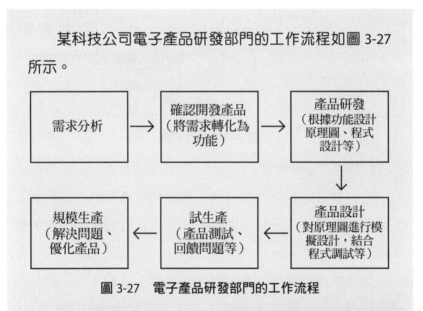

某科技公司電子產品研發部門的工作流程如圖 3-27 所示。

圖 3-27　電子產品研發部門的工作流程

電子產品研發部門的預期目標是首發 3 個月的銷量達到 300 萬臺，但實際上第一個月只售出 100 萬臺，預計後續消費者的熱情會降低，銷量估計很難提升。最終，3 個月的銷量是 200 萬臺。導致差距產生的問題出在哪裡？如何解決問題？

1. 界定問題

這一步要先設想問題產生於產品研發過程中的哪個環節，然後確定問題的現狀，並提出適當的疑問，如圖 3-28 所示。

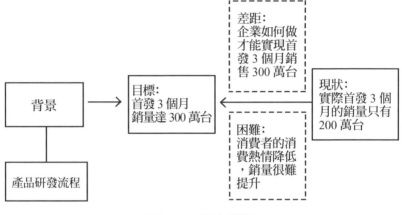

圖 3-28　界定問題

2. 結構化分析問題

這一步要先劃分問題結構，假設問題產生的可能原因，收集資料以證明或排除所做假設，利用魚骨圖確定問題的根本原因。

這裡要注意的是，不同部門的結構或流程不同。即使同樣是研發部門，產品不同其工作流程可能也會不同。例如，某電子產品研發部門的工作流程如圖 3-27 所示，某軟體研發部門的工作流程如圖 3-29 所示。所以，劃分問題結構需要根據自己公司的研發部門的結構或工作流程進行。

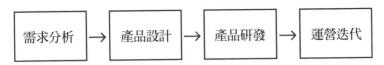

圖 3-29　某軟體研發部門的工作流程

這一步的最終結果是確定問題的根本原因。

3. 提出解決方案

我們可以參考圖 3-18 建立邏輯樹，提出解決研發中遇到的問題的備選方案；然後參考圖 3-19，建立決策樹，對方案進行分析論證並做出最終決策；最後參考圖 3-23 搭建金字塔結構，傳達解決方案。

3.4.3　如何在會議中提出自己的方案

我們可以運用金字塔結構在會議中提出自己的方案，如圖 3-30 所示。

我們需要遵循金字塔原理中的結論先行，開門見山介紹自己的方案，然後再按照一定邏輯介紹論點及論點中的各個要點。

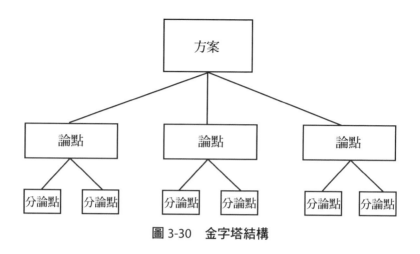

圖 3-30　金字塔結構

在某公司銷售部的新產品銷售情況討論會上，張立針對新產品銷量不理想的情況提出了自己的方案：「我的方案是針對新產品舉辦一次大型的線上線下聯動促銷活動。本次促銷活動分為以下幾個步驟。第一步，制定促銷策略。首先，確定促銷目標……其次，制訂促銷計劃……最後，安排執行人員……第二步，發布促銷活動消息……第三步，確定促銷活動所需物料……」

新產品促銷方案的金字塔結構如圖 3-31 所示。

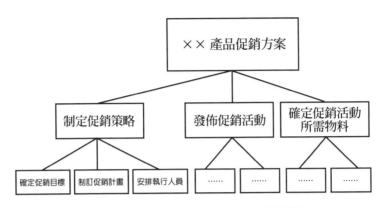

圖 3-31　××產品促銷方案金字塔結構圖

　　在會議上提出自己的方案一定要做到方案內容翔實、結構完善、邏輯清晰，運用金字塔原理，搭建金字塔結構即可達到這樣的效果，提升工作效率。

第 4 章

商業簡報

如何應用金字塔原理進行視覺簡報

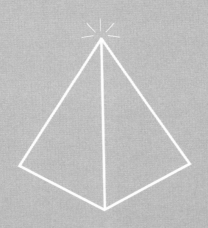

在日常工作中，我們在匯報工作、提出自己的解決方案時都會用到視覺簡報。常用的簡報方式有PPT和短視頻兩種。借助PPT或短視頻進行視覺簡報，不僅可以吸引觀眾的注意力，激發他們的興趣，還能夠加深他們對內容的理解。但是，如果簡報的內容混亂、邏輯不通、視覺效果差，那麼不但無法吸引觀眾，還容易適得其反。為了避免出現這種情況，我們可以應用金字塔原理進行視覺簡報，有條理、有邏輯地展示內容，幫助觀眾更好地理解、接受我們所傳達的內容。

4.1 PPT 簡報

　　PPT 簡報可以說是工作中最常用到的一種簡報方式。雖然常用，但是仍然有不少人並沒有掌握 PPT 的使用技巧和原則。有些人只是將 PPT 當成一頁頁播放文字的簡報，然後對照簡報逐字逐句地讀給觀眾聽。這樣只能稱為朗讀，不能稱為簡報。所以，要想有條理、有邏輯地進行 PPT 簡報，掌握相應的技巧和原則尤為重要。

4.1.1　怎樣才算是好的 PPT 簡報

　　在做任何一件事之前，我們必須清楚做好這件事的標準是什麼。學習製作 PPT 簡報也是如此，我們必須先搞清楚什麼才算是好的 PPT 簡報。

　　好的 PPT 簡報有以下 3 個特點，如圖 4-1 所示。

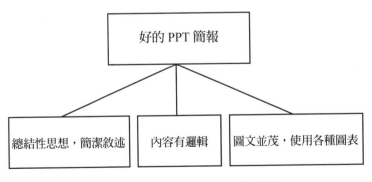

圖 4-1　好的 PPT 簡報的 3 個特點

1. 總結性思想，簡潔敘述

PPT 簡報的內容不是將自己寫的文章原封不動地搬上去，而是經過提煉、分組和總結的思想，即觀點、重點、核心要點。每頁 PPT 簡報最好只傳達一個核心觀點，並且通過簡潔的標題和斷句表達出來，這樣更便於觀眾理解。

在 PPT 簡報中一定要強調觀點，而不是單純地羅列事實。因為相比較大家都知道的事實來說，觀眾更關注簡報者想要表達什麼觀點。

2. 內容有邏輯

PPT 簡報內容的邏輯同樣要遵循金字塔原理，要做到邏輯清晰，主次分明。這樣的 PPT 簡報才能有條理、有邏輯地傳達觀點，才算得上好的 PPT 簡報。相反，沒有邏輯的 PPT 簡報，即便圖表多，視覺體驗好，也只會令觀眾感到迷惑。

3. 圖文並茂，使用各種圖表

之所以用 PPT 進行簡報，主要還是為了提升觀眾的視覺體驗，從而提升傳達效果。相比較來說，圖表和文字相結合的內容比單一文字內容的吸引力更大，而且很多內容用文字並不好描述，但是用圖表卻能清晰地傳達我們要表達的意思。所以，在 PPT 簡報中能用圖表表達的地方要盡量使用圖表。比較理想的狀態是，圖表佔比 90%，文字佔比 10%。

我們在使用圖表的時候一定要注意：**圖表一定要能夠有效支持核心觀點，不能純粹為了美觀而作圖。**

總結來說，好的 PPT 簡報只包含主要觀點、重點和核心要點，敘述時應盡量簡潔，同時要做到圖文並茂，且要確保內容有邏輯。

4.1.2 如何設計文字 PPT 簡報

好的 PPT 簡報要做到圖文並茂，這就要求我們必須掌握設計文字 PPT 和圖表 PPT 的技巧。我們先來看看如何設計文字 PPT 簡報。

文字 PPT 簡報的設計方式要根據傳達的實際內容而定，下面主要介紹文字 PPT 簡報的設計要點和注意事項。

在設計文字 PPT 簡報時我們要明確一個要點：

在整個簡報過程中，PPT簡報只是視覺上的輔助手段，是為了讓簡報更加生動，讓內容更加吸引觀眾。整個簡報過程的主角應該是簡報者。

這一點決定了我們要表達的內容與 PPT 簡報上的文字內容會存在一定的差異。

例如，某講稿的內容如下。

銷售部門現狀

8 月的銷量直線下滑。如果不加強行銷力度，下個月的銷量將會持續下滑。

產品品質出現問題是導致產品銷量直線下滑的關鍵原因。

供應鏈不完善，供應商供貨不及時，無法按照預期時間將產品銷售給客戶，導致客戶投訴。

銷售員抱怨績效工資低，出現消極怠工的情況，在客戶諮詢產品的時候沒有及時回覆，降低了客戶消費意願。

PPT 簡報應該對這個講稿進行簡潔的闡述，具體如下。

銷售部門現狀
8 月業績直線下滑
產品品質存在問題
供應鏈不完善
銷售員消極怠工

通過對比可以發現，我們實際要表述的內容與 PPT 簡報上的文字內容有明顯的區別。PPT 簡報只需要展示重點、核心內容，不需要有過多的介紹性、描述性語言。設計文字 PPT 簡報時應注意以下 5 點，如圖 4-2 所示。

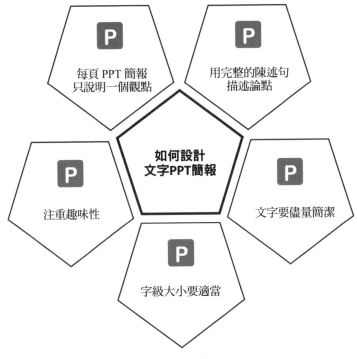

圖 4-2　如何設計文字 PPT 簡報

1. 每頁 PPT 簡報只說明一個觀點

PPT 簡報的內容要遵循金字塔原理的邏輯，即每頁 PPT 簡報只說明一個觀點。我們也可以在一頁 PPT 簡報上列出所有觀點，然後再一一展開介紹。實際上，這種 PPT 簡報表達的也是一個觀點——目錄。

同時我們還要注意，整組 PPT 簡報只表達一個中心思想。例如，整組 PPT 簡報是圍繞銷售部門業績展開的，那麼就不能出現與產品部門或其他部門相關的思想。這一點遵循了金字塔原理中「一篇文章有且僅有一個中心思想」的原則。

2. 用完整的陳述句描述論點

描述論點應使用完整的陳述句，因為陳述句更能夠讓觀眾理解我們要表達的內容。

例如，「產品品質存在問題」與「產品品質」，很明顯前面一種說法不會讓觀眾誤解我們想要表達的意思。

3. 文字要盡量簡潔

PPT 簡報中切忌用長句，也就是說能用短句表達的一定不要用長句，因為長句很容易造成閱讀障礙，影響視覺體驗。同時要注意的是，每頁 PPT 簡報最好不要超過 6 行字，總字數 30~50 個為佳。如果一頁簡報無法完整表達該觀點，那麼可以使用多頁簡報。

使用數字時同樣要求簡潔，例如，「50 萬」就比「500,000」更容易讓觀眾理解和記憶。一般情況下，計數單位為萬及以上就可以用單位「萬」表述，不必列出具體數字，計數單位為千及以下可以用完整數字表示。

4. 字級要適當

PPT 簡報上文字的字級應比我們平時書寫文章時用的字級大一些。字級的大小並沒有明確的標準，通常將字級設置為以下標準視覺效果較好。

一級標題字級可以設置為 20pt（pt 是一個標準的長度單位，1pt ＝ 1/72 英寸，用於印刷業）或者 24pt，加粗設置。

二級標題字級可以設置為 18pt，加粗設置。

正文字級可以設置為 16pt，重點內容加粗設置。

具體字級的大小應根據簡報的實際情況而定。例如，簡報對象為年長的人，那麼字級就要稍微大一些；再例如，在可以容納千人的空間進行簡報時，字級一定要確保讓觀眾都能看清。

5. 注重趣味性

文字內容很容易令觀眾感到乏味，因此在設計文字 PPT 簡報時要注重趣味性。我們可以通過改變字級、顏色、畫底線、加粗、底紋等方式讓文字內容更加生動、有趣。例如，圖 4-3 中的 PPT 簡報就是通過加大加粗字級、改變字體顏色、設計字體樣式等方式讓文字內容更加生動、有趣。

總之，設計文字簡報一定要盡可能做到簡潔、生動，避免大量文字堆積影響觀眾的視覺體驗，降低簡報效果。

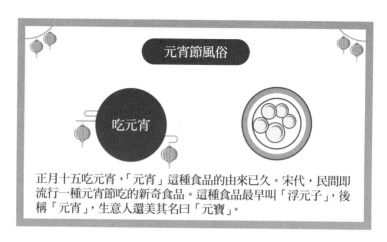

圖 4-3　PPT 簡報範例

4.1.3　如何設計圖表 PPT 簡報

圖表是 PPT 簡報的優勢所在。有些內容無法用文字解釋清楚，但是用圖表卻可以直觀地說明。因此，我們還需要掌握圖表 PPT 簡報的設計技巧。

在設計圖表PPT簡報時要注意：圖表形式要盡可能簡單，傳達的訊息一定要明確易懂。

如果圖表過於複雜，那麼簡報者可能要花費很多時間解釋圖表，這樣用來傳達核心內容的時間就減少了。這就違背了我們用圖表傳達訊息的初衷。明確了這個要點後，我們再來了解在 PPT 簡報中常用的圖表有哪些。

PPT 簡報中常用的圖表有條形圖、柱狀圖、曲線圖、散點圖和圓餅圖。

（1）**條形圖：**用寬度相同的條形的高度或長短來表示數據

多少的圖形，主要用於顯示各個項目之間比較的情況，如圖
4-4 所示。

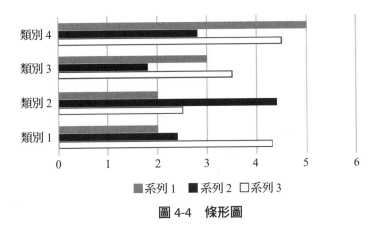

圖 4-4　條形圖

（2）**柱狀圖**：又稱長條圖、柱狀統計圖，是一種以長方形
的長度為變量的統計圖表，適用於各個項目之間的比較，也
適用於表達時間序列對比關係，如圖 4-5 所示。

（3）**曲線圖**：主要用於技術分析。這種圖形清楚地記錄
數值隨時間變動而變化，以點標示數值的變化，並連點成線，
如圖 4-6 所示。

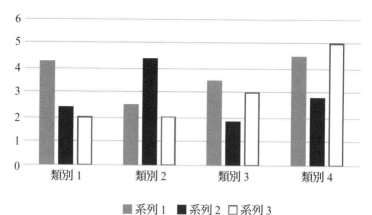

圖 4-5　柱狀圖

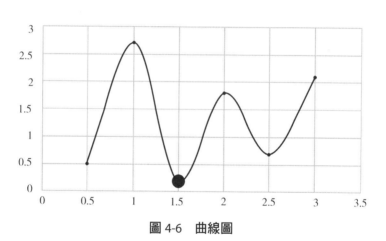

圖 4-6　曲線圖

（4）**散點圖：**在回歸分析中，數據點在直角坐標系平面上的分布圖。散點圖通常用於表示相關性、相對關係，表明兩個對象之間是否符合某種模式，如圖 4-7 所示。

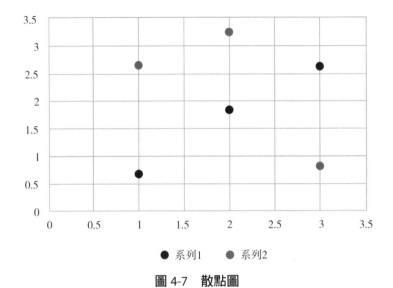

圖 4-7　散點圖

（5）**圓餅圖**：顯示一個數據系列中各項大小與各項總和的比例，常用來表達對比關係，能夠清晰地呈現各部分佔總體的百分比，如圖 4-8 所示。

圖表的本質其實是回答問題。在設計 PPT 簡報中的圖表時，我們通常要回答以下幾類問題。

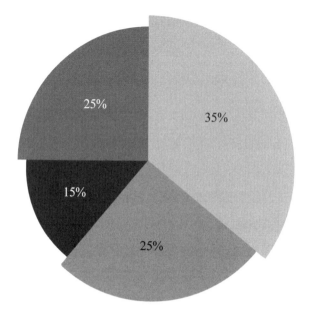

圖 4-8　圓餅圖

①由哪些部分組成？

②各項如何分布？

③各項目之間有何相關性？

④有何變化？是如何變化的？

⑤數量如何比較？（相互比較、與總數比較、隨時間變化）

第一類：由哪些部分組成？

在實際工作中，這類問題一般用來分析組織結構、工作流程、管理流程等，如圖 4-9 所示。

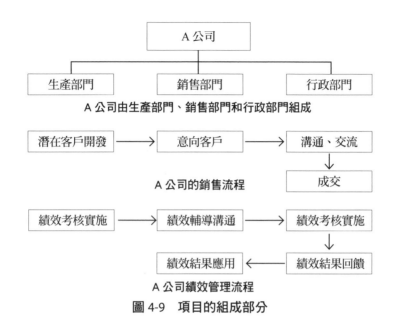

圖 4-9　項目的組成部分

第二類：各項如何分布？

在實際工作中，這類問題一般用來分析產品銷售情況、員工工作狀態等，如圖 4-10 所示。

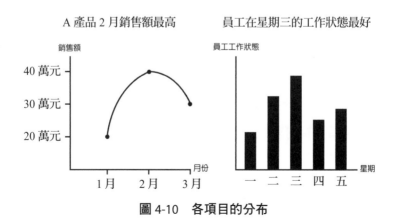

圖 4-10　各項目的分布

第三類：各項目之間有何相關性？

在實際工作中，這類問題一般用來分析銷售收入與廣告費用之間的關係、加班時間與費用之間的關係等，如圖 4-11 所示。

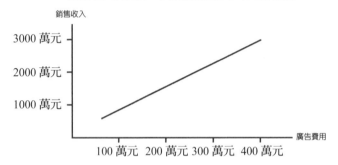

銷售收入的高低，與廣告費用多少有明顯關係

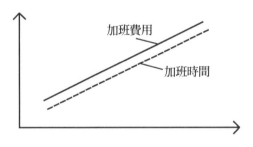

加班時間增加，費用就會隨之增加

圖 4-11　各項目之間的相關性

第四類：有何變化？是如何變化的？

在實際工作中，這類問題一般用來分析隨著時間的變化事物發生的變化，如圖 4-12 所示。

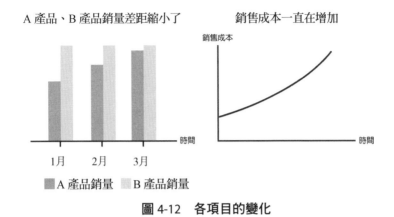

A 產品、B 產品銷量差距縮小了

銷售成本一直在增加

銷售成本

時間

1月　2月　3月

■A 產品銷量　■B 產品銷量

時間

圖 4-12　各項目的變化

第五類：數量如何比較？

在實際工作中，這類問題一般用來分析相互比較、隨時間變化的比較、與總數比較等，如圖 4-13 所示。

綜上所述，製作圖表 PPT 簡報的秘訣就是先確定想用圖表回答哪一類問題，然後把答案作為圖表的標題，選擇合適的圖表表達論點。

我們在設計圖表 PPT 簡報的時候一定不能忽視標題，且標題要傳達要點，最好使用描述性詞彙完整表達。例如，「銷售額每年都在增長」就比「銷售額」傳達的訊息要完整。這樣才能避免觀眾對圖表有不同的理解，才能確保圖表給觀眾留下的視覺印象與我們要表達的訊息一致。

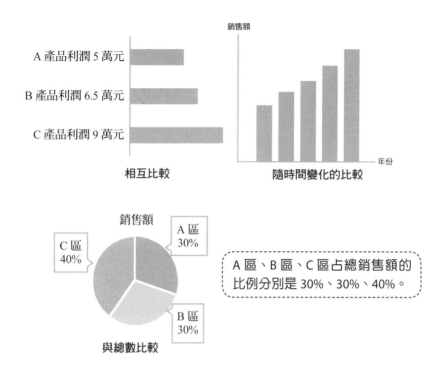

圖 4-13　各項目數量的比較

4.1.4　如何編製 PPT 簡報

　　掌握了文字 PPT 簡報和圖表 PPT 簡報的製作技巧後，我們就可以製作一頁頁完善、精美的 PPT 簡報了。製作完成後，下一步要做的就是編製簡報。

　　編製簡報是指將製作好的一頁頁 PPT 簡報按照一定的邏輯進行排列，這個順序就是簡報者在講解過程中 PPT 簡報的播放順序。然後，我們還要對每一頁 PPT 簡報播放時的動作、音效等細節進行設置。

其中，PPT 簡報播放順序的排列最為重要，對簡報效果影響也最為直接、深刻。這裡我們建議使用金字塔結構對所有 PPT 簡報的內容進行歸類分組，概括總結，然後按照自上而下的順序排列。最終呈現的效果如圖 4-14 所示。

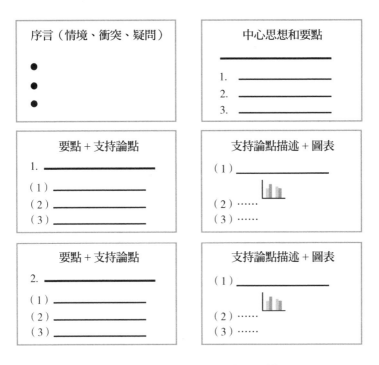

圖 4-14　PPT 簡報的金字塔結構

　　從圖 4-14 中我們可以看出，金字塔結構不但可以讓 PPT 簡報邏輯清晰地進行播放，還有助於我們檢查之前製作的 PPT 簡報是否合理、完善，更有助於我們按照這個金字塔結構進行講解，精準、清晰地傳達自己的觀點。

　　需要注意的是，PPT 簡報只是一個視覺輔助手段，簡報

效果的好壞主要取決於簡報者對 PPT 簡報中內容的熟悉程度，以及對整個講稿的熟悉程度。因此，PPT 簡報編製好之後，簡報者要多花一些時間熟悉內容，並不斷演練，直到將所有內容熟記於心。

4.2　短視頻簡報

除了 PPT 簡報，短視頻也是日常工作中較常用到的，而且比較受新時代人們喜愛的一種簡報方式。相對於 PPT 簡報來說，短視頻簡報比較複雜。這也是一部分人想用短視頻的方式進行簡報，但是又不敢嘗試的主要原因之一。其實，當我們掌握了金字塔原理後，就會發現短視頻簡報並不難。

4.2.1　短視頻腳本的金字塔結構

用短視頻簡報的第一步是撰寫短視頻腳本。短視頻腳本是指用書稿的方式呈現短視頻主要內容的一個框架底本，是短視頻拍攝和剪輯的依據，能夠確保短視頻按照我們預想的方向，有序地呈現出來。

短視頻的內容形式有很多種，如搞笑類短視頻、劇情類短視頻、產品推廣類短視頻……無論哪一種形式，都可以用金字塔結構來撰寫腳本。

短視頻腳本通常包含以下 6 個內容，如圖 4-15 所示。

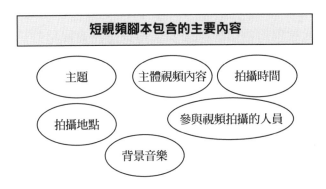

圖 4-15　短視頻腳本包含的主要內容

1. 主題

主題也可以稱為短視頻的中心思想。在拍攝短視頻之前就必須確定主題,如主題為新產品發布。

2. 主體視頻內容

主體視頻內容是短視頻的核心,包含的要素有鏡頭、景別、具體內容、臺詞、時長、運鏡、道具等。由於本書主要介紹的是應用金字塔結構寫短視頻腳本,所以不對細致的內容和專業的詞彙進行分析。

3. 拍攝時間

短視頻拍攝之前要確定拍攝的日期及具體的時間段。確定拍攝時間有兩個目的:一是提前和攝影師溝通,避免時間衝突,影響拍攝進度;二是可以根據具體時間安排好相關工作,確保拍攝工作可以順利展開。

4. 拍攝地點

拍攝地點主要包括地理位置和環境。拍攝地點非常重

要，選擇合適的地點更能夠突出短視頻的內容。例如，介紹廚具應當在廚房拍攝，拍攝服裝可以選擇有風格的街景。總之，一定要根據短視頻內容提前確認好拍攝地點。

5. 參與視頻拍攝的人員

參與視頻拍攝的人員主要包括出鏡人員、攝影師、助理等。短視頻拍攝工作涉及的內容比較多，因此需要提前確認參與拍攝的人員，並確定各自的分工，確保拍攝工作可以有序地展開。

6. 背景音樂

合適的背景音樂可以渲染氣氛，烘托主題，因此要提前根據拍攝主題和內容，選擇合適的背景音樂。

明確了腳本的內容後，我們就可以搭建金字塔結構了，如圖 4-16 所示。

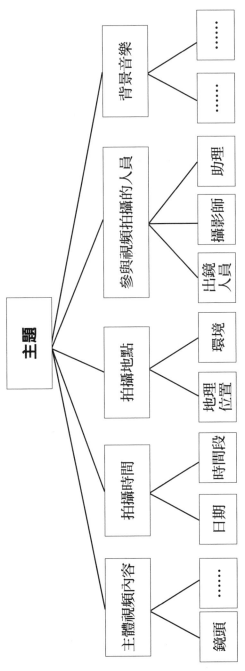

圖 4-16　短視頻腳本的金字塔結構

圖 4-16 是短視頻的整體腳本，如果短視頻的內容是展示某款產品或者短視頻中有需要突出強調的事物，我們還需要撰寫單品的腳本。以展示某款產品的短視頻為例，我們在撰寫單品腳本時可以構建一個簡單的金字塔結構，先介紹產品有哪些性能，然後介紹每一種性能的具體功效，如圖 4-17 所示。

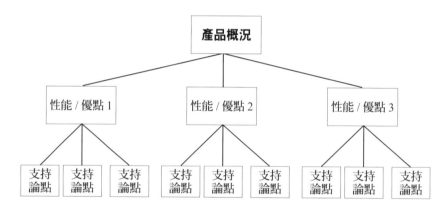

圖 4-17　單品腳本的金字塔結構

　　無論是整體腳本還是單品腳本都可以搭建金字塔結構，然後採用自上而下的順序撰寫。

4.2.2　如何設計短視頻的開場

　　短視頻的開場非常重要，決定了我們能不能將觀眾留住，令其繼續觀看視頻後面的內容。所以，我們在設計短視頻的時候一定要重視開場的設計。金字塔原理中的序言結構就非常適合用於短視頻的開場，它能夠起到吸引觀眾、留下觀眾

的作用。具體來說，短視頻開場可以應用序言結構的 SCQA 模型進行設計。

假設某品牌洗面乳的產品推廣短視頻需要設計開場，我們可以運用 SCQA 模型來設計，具體內容如下。

Situation（情境）：敏感肌人群在選擇洗面乳的時候會非常謹慎，因為不合適的洗面乳很容易導致肌膚過敏，出現泛紅、起紅疹的情況。

Conflict（衝突）：這主要是因為一些洗面乳中含有一些刺激性的化學成分⋯⋯

Question（疑問）：那麼，敏感肌人群要選擇什麼樣的洗面乳呢？

Answer（解決方案）：×× 牌洗面乳，專門針對敏感脆弱肌膚設計，不含皂基，使用肌源氨基酸，天然溫和，敏感肌可以放心使用。

通過「情境─衝突─疑問─解決方案」這種結構，可以引導觀眾按照我們的思路思考，然後自然而然地引出答案──短視頻的核心思想。這個時候，觀眾已經對答案很感興趣了，他們想進一步了解答案，那麼他們就會繼續觀看下去。這就說明該短視頻的開場非常成功，有利於接下來的簡報工作。

雖然，短視頻的開場可以採用「情境─衝突─疑問─解

決方案」這樣的結構，但是這個結構並不是固定的，我們可以根據自己要突出的內容對結構中 4 個要素表達的先後順序進行調整。這部分內容將在第 5 章第 4 節中做進一步的介紹。

4.2.3　如何設計短視頻的情節

　　情節是敘事性文學作品內容構成的要素之一，它是指敘事作品中表現人物之間相互關係的一系列生活事件的發展過程，由一系列展示人物性格、表現人物與人物、人物與環境之間相互關係的具體事件構成。短視頻的篇幅較小，情節通常不會太複雜，所以設計短視頻的情節比較容易。

　　設計短視頻的情節同樣要遵循金字塔原理，且通常是按照歸納邏輯中的時間順序展開。我們可以據此搭建金字塔結構，如圖 4-18 所示。

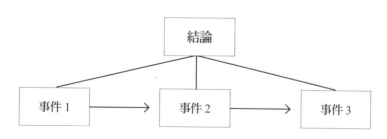

圖 4-18　短視頻情節的金字塔結構

假設我們要為某剪輯軟體設計一個用於宣傳推廣的短視頻情節。我們同樣可以用金字塔結構設計。首先呈現使用某剪輯軟體的效果，然後按照時間順序展開描述是如何取得這樣的結果的，過程中經歷了哪些事情，如圖 4-19 所示。

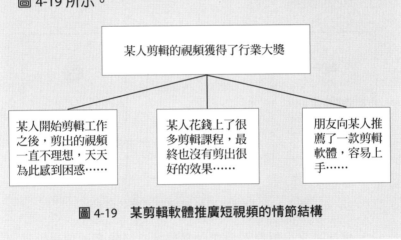

圖 4-19　某剪輯軟體推廣短視頻的情節結構

　　故事剛開始就直接向觀眾呈現一個結果——某人剪輯的視頻獲得了行業大獎。當觀眾知道這個結果的時候，他們便會對某人是如何剪輯出這樣優質的視頻提出疑問，接下來就可以按時間順序交代某人和他剪輯的優質視頻與該剪輯軟體之間發生的事情，這就是一個比較完整的、能夠吸引觀眾的情節。

　　總結來說，設計短視頻的情節時，要先交代故事的最終結果，然後按照時間順序交代產生結果的過程中的具體事件。這也遵循了金字塔原理一直強調的「結論先行」原則。

4.2.4　如何設計短視頻的標題

短視頻標題一定要做到主題突出，讓觀眾一眼就知道你的短視頻要表達的關鍵內容，這樣才能吸引他們觀看下去。

在設計短視頻的標題時，我們應當遵循金字塔原理中的以下 3 個原則，如圖 4-20 所示。

標題要突出短視頻的中心思想，且只能有一個中心思想。

標題用詞應提煉思想的精髓

標題用詞應符合語法及受眾尺度

圖 4-20　設計短視頻標題應遵循的原則

1.標題要突出短視頻的中心思想，且只能有一個中心思想

為了吸引觀眾的注意，標題要突出短視頻的中心思想，且只能有一個中心思想。

例如，某品牌洗面乳宣傳短視頻的標題為：

「某某氨基酸洗面乳，敏感肌女孩的選擇！」

這句話就直接突出了短視頻的中心思想「敏感肌女孩應該使用氨基酸洗面乳」，且只突出了一個中心思想。對於敏感肌女孩來說，她們很可能產生興趣並繼續觀看視頻。

如果標題為：

「正確洗臉才能給自己帶來好肌膚，勤鍛煉才能給自己帶來好身材。」

這個標題的中心思想不突出，而且表達了兩個中心思想，很難讓觀眾一眼看出短視頻要表達的內容是洗面乳，無法吸引目標客戶。

所以，為了吸引觀眾觀看短視頻，標題一定要突出短視頻的核心思想，且只表達一個中心思想。

2. 標題用詞應提煉思想的精髓

標題的作用是提示，而不是要完整地表達文章中的內容，所以標題要盡量簡明扼要。

例如，洗面乳的短視頻標題為：

「選擇一款好的洗面乳很重要，否則會導致皮膚泛紅、起紅疹，嚴重的時候可能導致肌膚潰爛，這是很可怕的一件事，某某洗面乳……」

這種標題就過於累贅，觀眾可能要花幾分鍾閱讀的理解標題。大多數人在這個時候會選擇放棄。所以，我們在為短視頻擬標題的時候，一定要根據短視頻的中心思想、核心內容提煉精髓，盡量用一句話進行表達。

3. 標題用詞應規範

俗話說「題好文一半」，意思是好的標題是文章、短視頻成功的一半，甚至高過一半。因為標題是否吸引人決定了

文章、短視頻的點擊率，決定了內容傳達的範圍。正因如此，不少人為了能夠吸引觀眾點擊短視頻，會在標題上下功夫。認真研究標題，擬一個吸引觀眾的標題是非常值得肯定的想法。但是，有些人為了吸引觀眾，會在標題上使用誇張的詞彙，或者自己杜撰的消息，或是標題與正文內容嚴重不符。這種做法顯然是不正確的，只會消耗觀眾的信任，即便觀眾點進去觀看了，他們也只會失望地退出。此後，便不會再關注你推送的短視頻。

所以，在設計短視頻的標題時一定要使用規範的詞彙，要傳達已經被證實的消息。規範用詞沒有一個十分明確的概念，大多數短視頻平臺的平臺運營規範內容中會明確規定哪些詞彙不能使用，我們可以參考這些標準規範自己的用詞。此外，有些專業領域會有明文規定或約定俗成的規定，明確指出一些詞彙不能使用，我們也可以通過查看相關資料，了解這些領域的用詞規範。總之，一定要避免使用過於負面、消極、誇大其詞的詞語或表達方式。

設計短視頻標題並沒有一個固定的模式，可以在遵循以上幾個原則的基礎上，根據實際情況設計出有趣且能夠吸引觀眾的標題。

4.3　案例演練

本節列舉了幾個需要用到 PPT 簡報和短視頻簡報的工作情景，我們可以結合所學知識，進行實戰演練。

4.3.1　如何製作新產品推廣的 PPT 簡報

某品牌為了搶佔更多市場，領導要求市場行銷部主管策劃新產品推廣方案。

策劃新產品推廣方案之前，市場行銷部主管要收集新產品的研發背景、推廣主題、推廣計劃等訊息和資料，然後按照金字塔原理梳理訊息，搭建金字塔結構，如圖 4-21 所示。

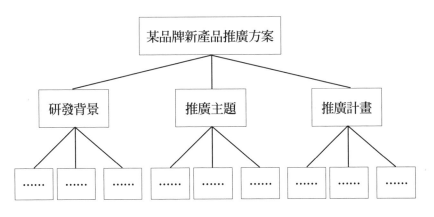

圖 4-21　**新產品推廣方案**

製作 PPT 簡報可以按照金字塔結構自上而下地表達，具體內容如圖 4-22 所示。

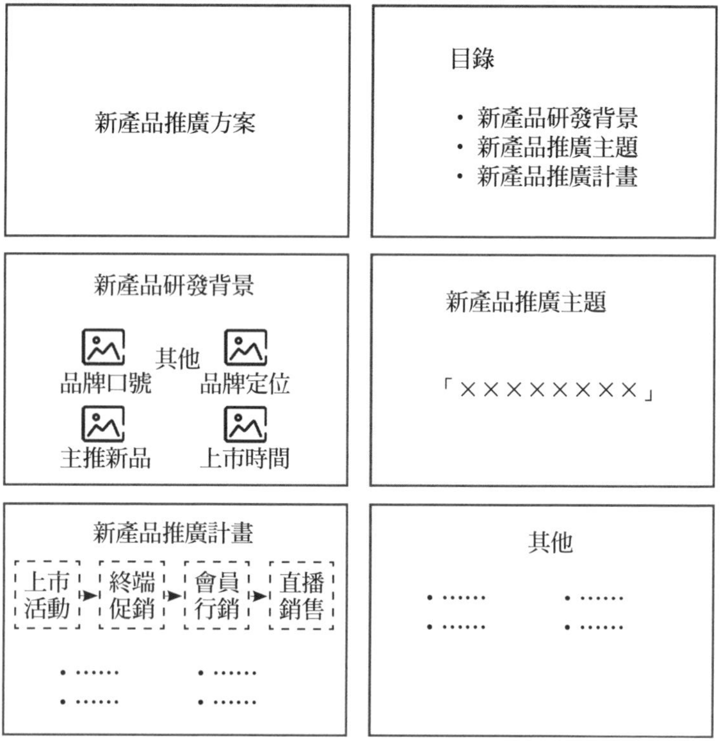

圖 4-22　新產品推廣的 PPT 簡報

　　上述 PPT 簡報只是根據金字塔結構呈現了一個大致的內容框架，在實際工作中製作新產品推廣 PPT 時，我們應結合公司和產品的實際情況進一步細化內容，並在合適的地方添加圖表支持觀點，這樣才能進一步提升 PPT 簡報的品質。

　　新產品推廣方案通常是在會議上簡報給領導和同事觀看的，一方面是為了清楚傳遞簡報者製作方案的核心理念，另一方面也希望可以得到有效反饋，進一步改進方案。因此，在製作新產品方案的 PPT 時一定要認真、嚴謹，確保沒有錯

誤的內容，且一定要做到結構完善、邏輯清晰，便於領導、同事理解和記憶。此外，簡報過程中可以結合實際情況補充PPT中沒有提到的內容，也可以邀請在座人員提供意見，這樣可以使整個簡報更加完善，也可以幫助自己進一步優化方案。

4.3.2　如何製作工作匯報的 PPT 簡報

> 某護膚品領導要求每家門店的店長每日對銷售情況進行工作匯報。

某門店店長在當日的工作完全結束後，要收集、整理當天該店的銷售情況，通常按照產品的類別進行每日銷售匯報，當然，具體如何匯報需要根據工作的具體內容和性質而定。店長可以根據收集的訊息搭建金字塔結構，如圖 4-23 所示。

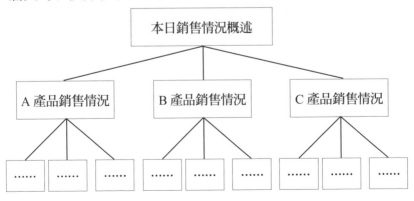

圖 4-23　工作匯報的金字塔結構

製作 PPT 簡報可以按照金字塔結構自上而下地表達，具體內容如圖 4-24 所示。

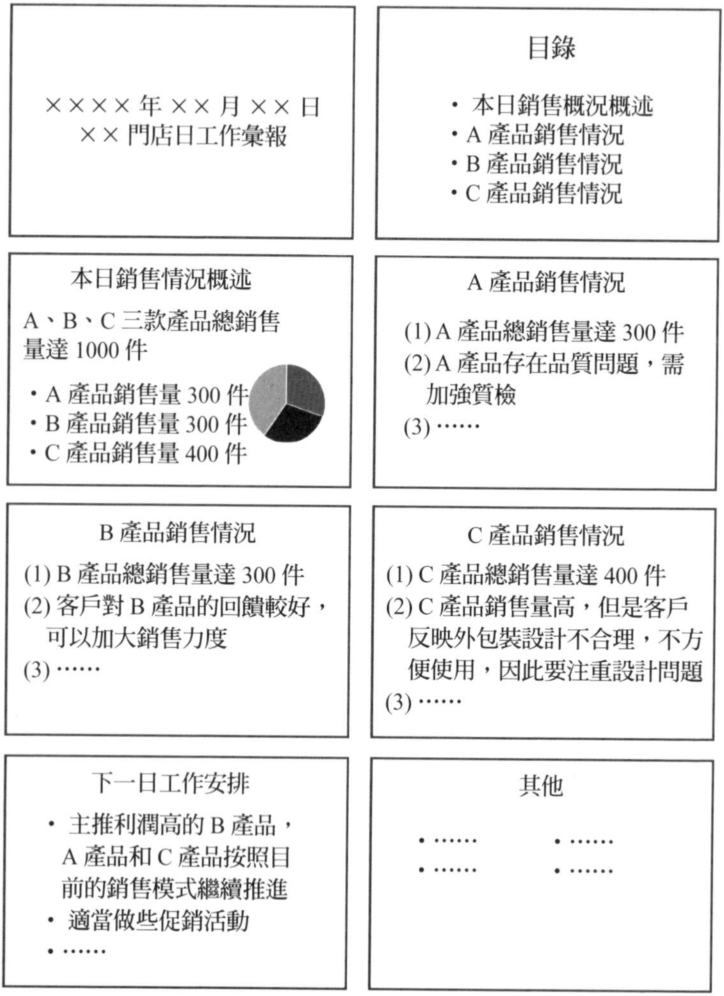

××××年××月××日 ××門店日工作彙報	**目錄** ・本日銷售概況概述 ・A 產品銷售情況 ・B 產品銷售情況 ・C 產品銷售情況
本日銷售情況概述 A、B、C 三款產品總銷售量達 1000 件 ・A 產品銷售量 300 件 ・B 產品銷售量 300 件 ・C 產品銷售量 400 件	**A 產品銷售情況** (1) A 產品總銷售量達 300 件 (2) A 產品存在品質問題，需加強質檢 (3)……
B 產品銷售情況 (1) B 產品總銷售量達 300 件 (2) 客戶對 B 產品的回饋較好，可以加大銷售力度 (3)……	**C 產品銷售情況** (1) C 產品總銷售量達 400 件 (2) C 產品銷售量高，但是客戶反映外包裝設計不合理，不方便使用，因此要注重設計問題 (3)……
下一日工作安排 ・主推利潤高的 B 產品，A 產品和 C 產品按照目前的銷售模式繼續推進 ・適當做些促銷活動 ・……	**其他** ・……　・…… ・……　・……

圖 4-24　工作匯報的 PPT 簡報

在實際工作中，我們在製作工作匯報的 PPT 簡報時應結合實際情況進行闡述，主要應將工作中的重點內容、工作成績等展示出來，並按照重要性程度進行 PPT 匯報，涉及數據的地方要盡量用圖表呈現，以提升簡報效果。

總結來說，工作匯報是指員工向領導匯報工作內容，也就是說，工作匯報的對象是領導。因此，製作工作匯報 PPT 時要從領導的角度出發，要採用重要性順序匯報內容，先匯報領導最關心的內容，再匯報次要內容，最後匯報一般內容。這樣的匯報邏輯才是清晰的，才能確保領導有興趣看下去，能夠切實看到你的工作成績。

4.3.3 如何製作年終工作總結 PPT 簡報

一年的工作進入尾聲，銷售部門領導要求每位員工提交一份年終工作總結，用 PPT 的形式簡報。

寫年終工作總結之前，我們要梳理這一年做過的工作、取得的成績及存在的問題，並且要給出解決問題的方案。收集到相關資料後，我們便可以根據金字塔原理梳理資料，搭建金字塔結構，如圖 4-25 所示。

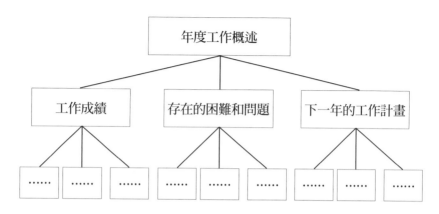

圖 4-25　年終工作總結的金字塔結構

　　製作 PPT 簡報可以按照金字塔結構自上而下地表達，具體內容如圖 4-26 所示。

　　在實際工作中，我們在製作年終工作總結的時候要根據實際情況概述，同樣要盡可能用圖表說明觀點，讓領導對你一年的工作內容一目了然。

　　年終工作總結 PPT 簡報一般是在年終大會上簡報給領導和部門同事觀看的，他們重點關注的內容是這一年我們所做的工作及創造的業績。所以，年終工作總結的 PPT 簡報應重點展示這兩個方面的內容。並且，這兩個方面的內容一定要基於事實闡述，不可杜撰，可以用數據證明成績的一定要用數據說明，提高內容的真實性，同時也要交代自己存在的問題，以及下一步的工作計劃，對新的一年展開期待，讓大家看到我們積極的工作態度。這樣才是一份完善且較為優秀的年終工作總結，可以讓領導及同事看到我們的成績並認可我們的工作成果。

×××× 年年終工作總結
××(員工姓名)

目錄

・ 年度工作概述
・ 工作成績
・ 存在的問題和困難
・ 下一年的工作計畫

年度工作概述

・ 上半年負責 A 專案，順利完成
・ 下半年負責 B 項目和 C 項目，
  B 項目已順利完成，C 項目在
  進行中
・ ……

工作成績

・ 個人銷售額達 50 萬元
・ 拓展新客戶達 500 人
・ 總成交客戶 200 人
・ ……

存在的困難和問題

・ 產品供應不及時，客戶投訴率高
・ 產品品質存在問題
・ 售後服務效率差
・ 其他

下一步的工作計畫

・ 配合相關部門改進當前存在的
  問題
・ 按照計畫順利完成 C 項目
・ 個人銷售額提升 50%
・ 拓展 800 位新客戶

其他

・ ……   ・ ……
・ ……   ・ ……

圖 4-26　年終工作總結的 PPT 簡報

153

4.3.4　如何創作品牌推廣的短視頻

市場行銷部主管要求團隊成員共同參與，創作一個品牌推廣的短視頻。

團隊接到領導安排的工作任務後，首先要收集品牌的相關訊息，然後撰寫短視頻的整體腳本，這裡可以參考圖 4-16。

撰寫好短視頻的整體腳本後，接下來我們要設計短視頻的開場和情節。短視頻的開場和情節可以搭建金字塔結構，自上而下地表達，如圖 4-27 所示。

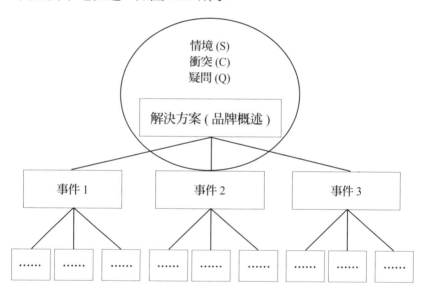

圖 4-27　品牌推廣短視頻的金字塔結構

短視頻的具體內容可以按照金字塔結構自上而下地表達。

1. 用 SCQA 模型介紹品牌

這裡介紹的可以是品牌故事，也可以是品牌誕生過程中發生的趣事。

例如，某品牌創始人 ×××，有一個特點就是鬍鬚長的速度很快，經常需要刮鬍子。有一天，他為了將鬍鬚刮乾淨，十分用力，不小心把下巴刮破了。這個時候他就想，如何才能將鬍鬚剃乾淨，又能確保安全呢，於是某某品牌的刮鬍刀就誕生了。

2. 按照品牌的發展歷程展開介紹

某某品牌的刮鬍刀誕生後，人們的刮鬍子方式改變了。該品牌的刮鬍刀也備受大家的青睞。產品剛推出就被搶購一空。

隨著人們生活水準的提升，人們希望刮鬍子方式可以更加便捷。於是，我們對產品進行了優化，推出了更加智能的電動刮鬍刀。

在對市場進行考察後，我們發現女性也有刮鬍子需求，於是，我們針對女性研發了一款刮鬍刀，也非常受女士歡迎。

……

按照品牌發展的歷程有序地介紹，能夠吸引觀眾不斷往下看。總結來說，一段較為常規的品牌推廣短視頻，其主要內容包括介紹品牌故事，引出品牌，然後介紹品牌的發展歷程。當然，不同品牌的特點不同，我們在設計品牌推廣的短視頻內容時不用拘泥於一種形式，可以在常規的方式上創新，加入品牌特色，這樣才能更加吸引觀眾，打動觀眾。

第 5 章

高效寫作

如何應用金字塔原理進行構思與寫作

無論是生活中還是工作中，我們都需要寫作，小到一張留言條，大到一份產品分析報告。簡單的文章比較好寫，一旦涉及比較複雜的文章，有些人便會陷入困境，不知道如何下筆。實際上，運用金字塔原理就可以幫助我們解決寫作中經常遇到的困境，實現高效寫作。

5.1 基於目標確定寫作主題

無論寫什麼體裁的文章，第一步一定是確定寫作主題。只有確定了寫作主題，我們才能圍繞主題展開寫作，才能邏輯清晰地傳達自己的想法、觀點。

大多數時候，人們寫文章都是出於某種目的，或希望達成什麼樣的目標。例如，通過文章向領導匯報當月的工作情況、制定某產品的行銷方案、撰寫新產品的宣傳文案等。這個目標其實就是我們確定寫作主題的基礎。

5.1.1 為什麼要寫這篇文章？

我們可以通過回答「為什麼要寫這篇文章」這個問題來確定我們的寫作目標，從而確定寫作主題。

關於「為什麼要寫這篇文章」的答案大體分為兩個方向：一是我們想通過文章表達某種思想、觀點；二是領導授意，即領導出於某種目的要求我們撰寫一篇文章。

如果是我們想通過文章表達某種思想、觀點，那麼確定文章的寫作目標就比較簡單，我們可以通過自我提問、自我作答的方式來確定寫作目標。

例如，「我想通過這篇文章讓讀者知道如何提升工作效率」「我想通過這篇文章讓讀者知道如何改進工作中遇到的問題」。

如果是領導授意，那麼我們一定要明確領導的意圖，搞清楚領導想通過這篇文章達成什麼樣的目標。工作中的寫作大多數是領導授意，所以我們需要重點關注這部分內容。

　　為了確定寫作目標，在領導授意時，我們要認真傾聽領導表達的內容，尤其是重點和要點，並且要做好詳細的記錄。如果領導表達結束後，我們還沒有理解領導的意圖，那麼一定要再次向領導確認，確保自己理解的意思與領導要表達的意思一致。此外，在確定寫作目標時，我們除了要領會領導的意圖，還要結合實際情況，這樣才能更加全面、深入地傳達領導想表達的意思。

　　為了讓大家能更準確地理解領導的意圖，確定寫作目標，我們來看下面的案例。

　　某外賣公司的領導要求秘書張研撰寫一份關於獎勵外賣員李金的通告，通告中要明確李金所做的好人好事及受到的具體獎勵，並且一定要號召其他人向他學習。

　　接到領導的任務後，張研對李金所做的好人好事進行了深入的了解，獲得的詳細訊息如下。

　　外賣部外賣員李金。

　　在××××年××月××日送外賣途中，李金看到路邊的一輛電動車著火，他立即靠邊停車，將處於危險區域的人員撤回安全區。確保沒有人員受傷後，李金立即撥打 119 報警。

經公司研究決定，對李金予以表揚並獎勵 20,000 元，以資鼓勵。

基於領導的意圖和以上的具體訊息，張研撰寫了一份通告。

×× 公司關於獎勵公司同仁李金的通報

公司各部門及全體同仁：

李金，外賣部同仁，在 ×××× 年 ×× 月 ×× 日工作中，積極救助處於危險中的路人，此行為值得讚美。

鑑於李金的突出表現為團隊其他成員樹立了典範，對公司產生了積極的影響，經公司研究決定，對李金予以通報表揚並嘉獎 20,000 元整，以資鼓勵。

希望李金在今後的工作中能夠繼續發揚樂於助人的精神，在工作中能取得更好的業績。同時，也希望其他同事以李金為學習的榜樣，在做好工作的同時，也要積極關注身邊的事，幫助身邊的人。

×× 公司總經理辦公室

×××× 年 ×× 月 ×× 日

領導的意圖是「明確李金所做的好人好事及受到的具體獎勵，並且一定要號召其他人向他學習」。張研撰寫的通告中突出了這兩個要點，且展開了具體闡述，達到了這篇文章

要實現的目標。

　　總結來說，在提筆之前，我們要先問自己「為什麼要寫這篇文章」，確定答案後再開始構思，起草文章，否則就不要動筆。因為如果沒有搞清楚這個問題，最終寫出來的文章不但自己抓不住重點，讀者也會不知所云，這樣的文章就是失敗的。

5.1.2　建立並描述文章的中心思想

　　明確了「為什麼要寫這篇文章」後，我們就能大致確定文章的主題了，但如果不能清晰地將主題描述出來，這樣的主題依然是不明朗的，無法指導我們的寫作。因此，確定寫作主題的第三步就是要準確描述文章的中心思想，確定文章的主體內容，為撰寫文章指明方向。

　　那麼如何建立並描述文章的中心思想呢？

　　1. 根據確定的主題搜集資料

　　確定文章的主題後，我們就可以圍繞主題收集資料了。

　　例如，上述案例中，領導要求秘書張研撰寫一份關於獎勵外賣員李金的通告，這就是文章的主題。下一步，張研應圍繞寫作主題收集資料。張研收集的資料如下。

　　在××××年××月××日送外賣途中，李金看到路邊的一輛電動車著火，他立即靠邊停車，將處於危險區域的人員撤回安全區。確保沒有人員受傷後，李金

立即撥打 119 報警。

　　經公司研究決定，對李金予以表揚並獎勵 20,000 元，以資鼓勵。

　　2. 根據搜集的資料描述中心思想

　　搜集完資料後，我們要對資料進行歸類總結，找出共性，建立並描述中心思想。例如，上述案例中的中心思想可以描述為「外賣員李金在工作途中積極救助路人，公司對此予以表揚並獎勵 20,000 元」。

　　有些文章涉及的內容比較多，收集的資料比較複雜，這時候我們就需要運用金字塔原理中的歸納法，對資料進行歸類分組，然後再進行總結提煉，最後得出的結論就是文章的中心思想。

5.2　搭建縱向的文章結構

　　縱向的文章結構是指「結論先行─提出疑問─給出答案」。這種結構會迫使讀者按照寫作者的思路思考問題，尋求答案，有助於激發讀者的閱讀興趣。

　　例如，文章的結論為「時間管理可以提升工作效率」，這是文章的中心思想，這個思想很容易引發讀者「為什麼這麼說」的疑問。提出疑問後，他們就很想繼續

讀下去，在文章中尋找解決問題的答案。縱向的文章結構如圖 5-1 所示。

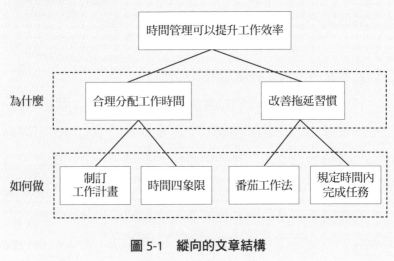

圖 5-1　縱向的文章結構

縱向結構其實就是不斷地按照「引起讀者疑問並回答疑問」的方式進行寫作，直到讀者不會對我們的表述產生任何疑問。

雖然這並不代表讀者一定會接受我們的觀點，但至少可以引導讀者按照我們的思維方式繼續閱讀，直至讀完文章。這也是一些寫作者會搭建縱向的文章結構的主要原因。

5.2.1　結論先行：提出中心思想

縱向的文章結構要求結論先行，即在一開始就提出中心思想。中心思想是位於金字塔頂尖的核心思想，是文章的核心，如圖 5-2 所示。

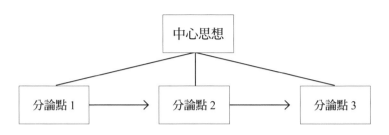

圖 5-2　中心思想位於金字塔頂尖

　　我們也可以將中心思想理解為「向讀者發出新訊息並引發讀者疑問的句子」。

> 　　例如，某文章的中心思想是「迴避型人格療癒自己的方法」。對於一部分讀者來說，這是一條新的訊息，他們可能不知道迴避型人格應如何療癒自己。於是，在看到文章的中心思想時，他們可能會發出「迴避型人格療癒自己的方法有哪些、具體如何療癒」的疑問，然後會帶著疑問閱讀文章，獲取他們想要的答案。

　　為什麼一定是「新訊息」？因為大多數讀者不會閱讀他們已經知道的內容，他們通常是抱著求知的心理閱讀文章，所以只有新訊息才會引起他們的關注，並引發他們的疑問。為此，我們在提出新的思想時一定要確定這個訊息對讀者來說是新的，能夠引導他們提出疑問，並在文章中繼續尋找問題的答案。

文章的中心思想是對整篇文章的概括，是文章的核心所在，所以我們在提煉文章的核心思想時一定要認真、嚴謹，確保中心思想正確。如果寫作之前我們沒有明確文章的中心思想，那麼可以採用金字塔原理中「自下而上」的思考方法概括、確定文章的中心思想。

5.2.2　提出疑問：設想讀者的主要疑問

在設想讀者的主要疑問時，我們要先確定讀者對象，即哪些讀者會閱讀這篇文章，並希望這篇文章能夠幫助自己解決某個問題。

　　例如，關於「做好時間管理可以提升工作效率」這個主題，讀者對象通常是工作效率低、總是不能按時完成工作任務的職場人士。

明確文章的讀者對象後，我們就要將自己設想為讀者，向自己提問：「文章能夠回答讀者頭腦中關於該主題的哪些疑問呢？」

例如，關於「做好時間管理可以提升工作效率」這個問題，讀者頭腦中的主要疑問可能有以下幾個。

時間管理是什麼？
為什麼說做好時間管理可以提升工作效率？

如何做好時間管理？

時間管理的具體方法有哪些？

是否有可實操的策略、技巧？

……

　　設想讀者的主要疑問後，我們要將這些疑問記錄下來，並對應寫出每個疑問的答案。如果我們在當下還找不到問題的答案，那麼可以備註「查詢資料，解決讀者疑問」。

　　在提出疑問環節要注意的是，我們要盡可能多地、全面地提出疑問，這樣才能確保解決讀者的所有疑問，以便於更好地推進下一個環節。否則，讀者的思想會一直停留在上一個層次，很難按照我們的思維方式發展，或者會對我們給出的答案產生疑問和不信任。

5.2.3　給出答案：圍繞中心思想給出答案並分層解讀

　　人們在產生疑問的時候總是會迫不及待地想要尋找答案，所以提出疑問之後，我們就要圍繞中心思想給出答案並分層解讀，如圖 5-3 所示。

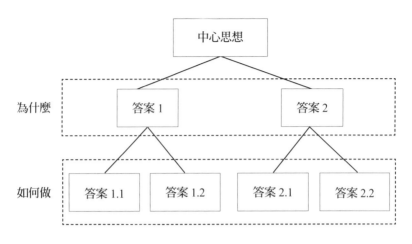

圖 5-3　圍繞主題思想給出答案並分層解讀

　　提出中心思想後，讀者便會產生「為什麼」的疑問。這時我們必須在該表述的基礎上橫向回答讀者的疑問。所謂「橫向回答」，是將屬於同一個思想層次的答案告知讀者，這裡遵循的是金字塔原理的「MECE 原則」，即要做到給出的答案完全窮盡，無重複無遺漏。

　　然而，即使我們針對讀者可能存在的疑問給出了答案，依然可能存在「讀者對我們給出的答案仍然存在疑問」的情況。

　　　例如，在主題為「提高學習效率的方法」的文章中，我們給出的其中一個答案是「制訂學習計劃」，並闡述了制訂學習計劃有利於提高學習效率的理由。這時讀者可能會產生這樣的疑問：「如何制訂學習計劃呢？」

當讀者對我們給出的答案仍然存在疑問時，我們就需要在下一個思想層次繼續回答讀者提出的疑問。總結來說，給出答案的步驟如圖 5-3 所示，先給出答案 1，然後繼續在下一個層次給出答案 1.1，直到讀者不會對我們給出的答案產生新的疑問。這個時候我們就可以回到答案 2，繼續按照上面的步驟回答第二個答案、第三個答案……直到中心思想下面的初始疑問全部得到回答。這樣，一篇結構完善、邏輯嚴謹的縱向的文章結構就形成了。

概括來說，在縱向的文章結構中，我們要做的就是站在讀者的角度不斷提出問題，然後給出答案，直到讀者不會對我們給出的答案產生疑問。

在搭建縱向的文章結構時，我們要注意，要想吸引讀者的注意力，引導讀者按照我們的思維方式展開思考，必須確保在給出答案之前讀者已經沒有任何疑問，也必須確保在引出疑問之前，不給出該問題的答案，即在讀者需要答案的時候才提供相應的訊息。

5.3　搭建橫向的文章結構

文章可以按照縱向結構展開，也可以按照橫向結構展開。橫向結構即多個思想之間因共同組成同一個邏輯推理，而被並列組織在一起。橫向的文章結構主要有 4 種邏輯順序：演繹順序、時間順序、結構順序和程度順序。

5.3.1 按照演繹順序搭建文章結構

演繹順序是指按照演繹推理的邏輯對思想進行排序，搭建文章結構。演繹順序是一個具有 3 段論的形式，即大前提、小前提、結論，如圖 5-4 所示。

圖 5-4 演繹順序結構

1. 描述大前提

大前提可以是已經存在的某種情況，也可以是存在的問題或存在的現象。

> 例如，「做好這 4 項工作就可以提升團隊銷售業績」「上個月客戶投訴率較高」。

2. 描述小前提

小前提闡述的是和大前提同時存在的相關情況。小前提的表述要針對大前提表述的主語或謂語。

> 例如，針對上面大前提的兩個例子，小前提可以描述為「但是就團隊目前的士氣來看，幾乎不可能做好這 4 項工作」「產品品質差是導致客戶投訴的一個重要原因」。

3. 給出結論

描述完大前提和小前提後，讀者的大腦可能會發出一種
信號——結論是什麼？這時我們就要給出結論。

例如，針對上述舉例，最後的結論可以描述為「因
此，管理者應當提升團隊的士氣」「因此，企業需要重視
並提升產品品質」。

按演繹順序搭建的文章結構如圖 5-5 所示。

演繹順序更符合人們常規的思維方式，但是如果文章涉
及的內容比較複雜、繁瑣，那麼演繹順序就會增加讀者的閱
讀難度。所以，在搭建橫向的文章結構時，我們盡量不要過
多地使用演繹順序，最好用歸納順序代替。

圖 5-5　橫向的文章結構

5.3.2　按照時間順序搭建文章結構

　　時間順序是比較容易理解的一種順序，即事件發生的先後順序。在按照時間順序組織的思想組中，我們要按照採取行動的順序，如第一步、第二步、第三步……依次說明達到某種結果時必須採取的行動。當必須採取多項行動才能達到某種特定結果時，這些行動就構成了一個系統、一個過程或一個流程。概括來說，這些行動就是產生某種特定結果的原因的集合。時間順序結構如圖 5-6 所示。

　　完成該系統、過程或流程的行動只能按照時間順序依次進行。因此，代表一個系統、過程或流程的一組行為必定按照時間順序排列，而該組行為的概括，必定是採取這些行為取得的結果或達到的目標。

圖 5-6　時間順序結構

　　當達到某一特定結果需要採取的行動不是很多時，我們可以很直觀地區分出原因和結果，但是當某個過程比較長，包含很多步驟時，我們就很難區分原因與結果，很難按照時間順序搭建一個邏輯清晰的文章框架。

在第一個工作階段我們必須採取以下行動。

第一，與員工談話，了解員工的想法。

第二，跟蹤並記錄員工的工作行為。

第三，確定工作中的關鍵環節。

第四，分析工作完成情況。

第五，評估績效結果。

第六，制定改進績效的措施。

第七，找出影響績效成績的問題和原因。

第八，找到提升團隊績效的方法。

　　雖然這個流程很詳細，但是讀者很難理解和記憶。此外，雖然這8個思想可以按照以上順序排列，但是仔細觀察我們會發現，有些思想並不處於同一個層次上，如果不按照相同的思想層次對以上8個思想進行歸類分組，文章的結構、邏輯就會顯得十分混亂。如果按照時間順序搭建結構，上面的例子我們實際上可以按照下面的結構進行表述，如圖5-7所示。

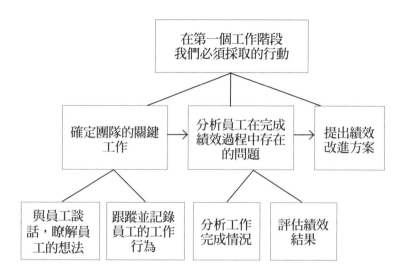

圖 5-7　按時間順序搭建的文章結構

在第一個工作階段我們必須採取以下行動。

首先，確定團隊的關鍵工作。

與員工談話，了解員工的想法。

跟蹤並記錄員工的工作行為。

其次，分析員工在完成績效過程中存在的問題。

分析工作完成情況。

評估績效結果。

最後，提出績效改進方案。

　　按時間順序重新組織後，文章的結構更加清晰，更便於讀者閱讀和理解。因此，我們在按照時間順序搭建文章結構

時，尤其是行動步驟較多時，一定要明確區分原因和結果，
按照相似性進行歸類分組。

5.3.3　按照結構順序搭建文章結構

結構順序也稱空間順序，是指我們在使用地圖、照片或
圖畫想象某事物時的順序。簡言之，結構順序就是將整體分
割為部分，或將部分組成整體。

通常，企業繪製組織結構圖時會按照結構順序，將整體
分割為部分，或者將部分組成整體，如圖 5-8 所示。

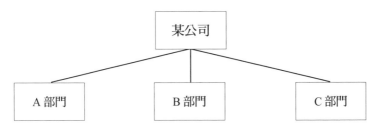

圖 5-8　結構順序結構

在使用結構順序搭建橫向的文章結構時，我們要遵循
MECE 原則，即將某個整體劃分為部分時，必須保證被劃分
的各個部分要符合以下要求。

各部分之間相互獨立，沒有重疊；所有部分完全窮盡，
沒有遺漏。

遵循 MECE 原則才能確保劃分出來的結構包含所有需要
說明的部分，如圖 5-9 所示。

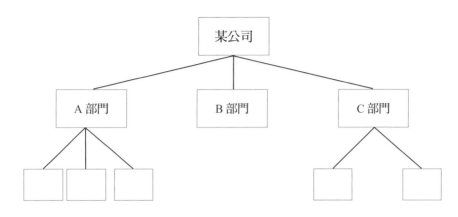

圖 5-9 「相互獨立，完全窮盡」的結構順序

　　結構順序搭建完成之後，下一步就可以按照這個順序對具體內容進行闡述了。很多人會存在這樣的疑問：「按照什麼樣的順序闡述被劃分出來的各個部分呢？」其實，各個部分的順序就是我們使用的劃分原則。

　　如果劃分時強調的是活動的流程、步驟，那麼各個部分應當按照時間順序展開。例如，A 部門為產品部門，主要工作內容為研發、生產、銷售，那麼按照時間順序展開就是「研發—生產—銷售」。

　　如果劃分時強調的是地點，那麼各個部分的內容應當按照結構順序展開。例如，舉辦活動的地點為台北、新竹、台中。

　　在對結構順序中的各個部分進行闡述時，我們應當清楚各個部分的具體內容是按照什麼邏輯劃分的，然後按照邏輯順序依次描述即可。

5.3.4 按照程度順序搭建文章結構

程度順序也稱重要性順序，是指將類似事務按照重要性歸為一組，如 3 個問題、4 種原因、5 個因素等。

例如，在分析公司取得成功的因素時，我們會說「公司取得成功的因素有 5 個」。嚴格地說，這種表達不夠精準。實際上，我們認為使公司取得成功的因素有很多，但這 5 個是非常關鍵的，且具有一定的共性，比其他因素對公司取得成功的影響更大。所以，準確的表達是「公司取得成功的因素有『這 5 個因素』和『其他因素』」，如圖 5-10 所示。這就是典型的按照程度順序搭建的結構。

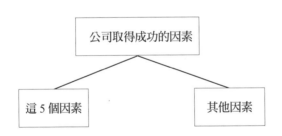

圖 5-10　程度順序結構

「這 5 個因素」和「其他因素」之間具有共同特性——使公司取得成功，但是由於共性的程度不同，所以表達順序是「這 5 個因素和其他因素」。「這 5 個因素」中的各個因素也是因為具有某種共性而歸為一組，每個因素所具有的共性程度也不同，同樣可以按照「程度」從高到低、從最重要到次要、從大到小的順序排列。這就是程度順序，也稱重要性順序。

重要性順序是指每組思想中具有共同的特性，確保所有具有該特性的思想可以歸為一組。然後，在每組思想中，根據各個思想具有的該特性的程度由高到低的順序依次排列，先介紹最重要的，再介紹次要的。

本節介紹的橫向的文章結構的 4 種邏輯順序既可以單獨使用，也可以組合使用，但必須確保每一組思想中都必須至少存在一種邏輯順序。

5.4　序言的構思與寫作

在前幾章的內容中，我們曾簡單地介紹了序言的結構。序言是指正文之前的文章，如前言、導語、引言等，概述的是讀者已知的訊息，然後由此引發讀者的疑問，再引出答案──整篇文章的內容。

序言通常採用講故事的形式，先介紹讀者熟悉的背景，然後說明背景中產生的衝突，由此引發讀者的疑問。這種結構就好像一個故事沒有講完，讀者為了探尋故事的結果，就會繼續閱讀文章。

序言在文章金字塔結構中的呈現如圖 5-11 所示。

序言的結構是由 SCQA 這 4 個要素組成的，基本結構為 S-C-Q-A。我們以提升客戶滿意度為例呈現序言的基本結構。

情境（S）：公司非常注重服務品質和效率，客戶滿意度一直很高。

衝突（C）：近日頻繁有客戶投訴，導致客戶滿意度不斷降低。

疑問（Q）：為什麼會出現這種問題？如何解決客戶投訴，提升客戶滿意度？

解決方案（A）：尋找客戶投訴產生的原因並積極解決問題。

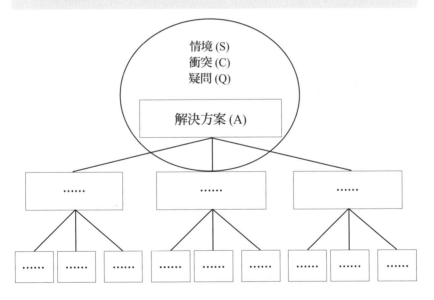

圖 5-11　序言的結構

這 4 個要素的順序並不是固定的。根據不同的順序排列，我們可以把序言的結構分為 4 種：標準式、開門見山式、突出憂慮式和突出信心式。我們可以根據寫作風格及序言中要突

出的內容選擇合適的結構。

5.4.1 標準式：情境—衝突—解決方案

標準式結構是序言的基礎結構，具體結構為「情境—衝突—解決方案」。

以「提升客戶滿意度」為例，採用標準式的結構進行表達如下。

近些年，公司非常注重服務品質和效率，客戶滿意度不斷提升。但是，近日突然出現客戶頻繁投訴的現象，客戶滿意度直線下降。為什麼會出現這種現象？如何快速解決客戶投訴問題，提升客戶滿意度？為此，我們應當積極探尋客戶投訴背後的本質問題，然後「對症下藥」。

標準式結構是按照人們的思維順序展開的，便於讀者閱讀和理解。

5.4.2 開門見山式：解決方案—情境—衝突

開門見山式是指直接告訴讀者答案，然後再介紹情境和衝突，具體結構為「解決方案—情境—衝突」。

以「提升客戶滿意度」為例，採用開門見山式的結構進行表達如下。

我們積極尋找客戶投訴產生的原因並積極解決問題是為了提升客戶滿意度。近年來，公司十分注重服務品質和效率，客戶滿意度不斷提升。但是，近日突然出現客戶頻繁投訴的現象，客戶滿意度直線下降。

　　開門見山式在一開始就將讀者想知道的答案告訴他們，能夠有效激發讀者的興趣，引導他們繼續閱讀接下來的內容。

5.4.3　突出憂慮式：衝突—情境—解決方案

　　突出憂慮式是指先介紹衝突，然後再介紹情境和解決方案，具體結構為「衝突—情境—解決方案」。

　　以「提升客戶滿意度」為例，採用突出憂慮式的結構進行表達如下。

　　據售後部門反映，近幾日出現了大量客戶投訴。這種情況令人驚訝，因為近些年來公司十分注重服務品質和效率，客戶滿意度不斷提升。為了進一步提升客戶滿意度，當前我們必須積極探尋客戶投訴背後的本質問題並積極解決這些問題。

　　「衝突」總是能夠引發讀者的好奇，他們可能想知道下

一步會發生什麼，為了尋找答案，他們會繼續閱讀接下來的內容。所以，突出憂慮式的序言結構能夠有效激發讀者的閱讀興趣。如果我們要介紹的事情矛盾比較突出，那麼就可以採用突出憂慮式的結構構思和撰寫序言。

5.4.4　突出信心式：疑問─情境─衝突─解決方案

突出信心式結構是指先提出疑問，然後再介紹情境和衝突，最後給出解決方案，具體結構為「疑問─情境─衝突─解決方案」。

以「提升客戶滿意度」為例，採用突出信心式的結構進行表達如下。

> 我們如何做才能解決當前客戶投訴問題，保持客戶滿意度不斷提升呢？這些年來，公司十分注重服務品質和效率，客戶滿意度不斷提升。但是，近日突然出現客戶頻繁投訴的現象，客戶滿意度直線下降。為此，我們必須積極探尋客戶投訴背後的本質問題並積極解決這些問題。

人們總會對疑問產生興趣，因為他們可能迫不及待地想尋找問題背後的答案。所以，如果問題比較突出，且是讀者十分關心的問題，那麼不妨採用突出信心式的結構構思和序言。但如果讀者不了解背景和衝突，也就不存在疑問，這

種情況下就不建議採取這種方式進行表達，容易讓讀者一頭霧水。

　　總之，序言的結構並不固定，每一種結構都有其特點和適用的場景，我們在寫作時應根據要突出的內容選擇合適的結構，這樣才能更加有效地進行表達。

5.5　文章中如何呈現金字塔結構

　　在文章中呈現金字塔結構的方法主要有 5 種：多級標題法、畫底線法、數字編號法、行首縮進法和項目編號法，如圖 5-12 所示。

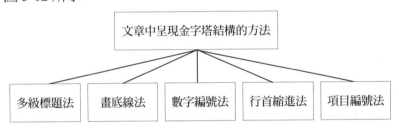

圖 5-12　文章中呈現金字塔結構的方法

5.5.1　多級標題法

　　多級標題法是寫文章時比較常用的，且能夠清晰呈現文章中金字塔結構的一種方法。具體來說，多級標題法就是根據思想分組，自上而下設立標題，如圖 5-13 所示。

　　金字塔的頂端為一級標題，然後自上而下為二級標題、三級標題、四級標題。實際工作中，我們在用 Word 寫文章的

時候，可以根據標題的性質在工具欄中選擇標題的層級，如圖 5-14 所示。

選擇好標題後，我們可以在工具欄「視圖」中選擇功能窗格，如圖 5-15 所示。

然後，在文檔的右側就會呈現出多級標題，如圖 5-16 所示。

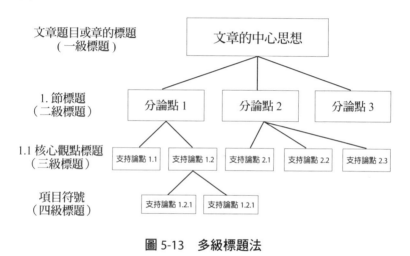

圖 5-13　多級標題法

圖 5-14　Word 中的標題選項

圖 5-15　視圖中的「功能窗格」

圖 5-16　多級標題

多級標題法其實就是用不同的標記區分不同層次的思想，同一層次的思想採用同一種表現形式，具體內容如下。

文章的標題

章的標題要總結這一章的核心思想，並居中排列。

標題結束後，要介紹這一章的主要內容，提供讀者想知道的訊息。

其他章的標題採用同樣的形式。

1. 節標題

節標題總結每一節的核心思想。

其他的節標題應採取同樣的形式。

每一節可以劃分為若干個小節，如果內容不多可以劃分為若干個段落。

1.1 核心觀點標題

核心觀點標題即小節標題，總結提煉每一小節的核心思想。

其他小節的標題應採取同樣的形式。

小節標題可以用段落標記區分，即用不同的段落表示，可以加粗首句或第一個詞組，以強調段落的相似性，也可以用項目符號表示，如星號「*」或者原點「‧」。

除了要掌握多級標題的格式，我們還要了解使用多級標題的幾個注意事項，如圖 5-17 所示。

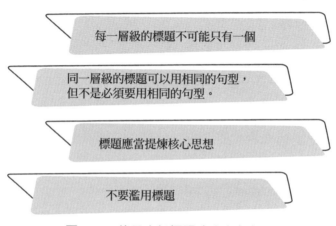

圖 5-17　使用多級標題時的注意事項

（1）每一層級的標題不可能只有一個。

標題呈現的其實就是金字塔結構，金字塔結構中每層不可能只有一個思想，所以每一層級的標題也不可能只有一個。通俗地說，文章中不可能只有一個章標題、一個節標題、一個小節標題。

（2）同一層級的標題可以用相同的句型，但不是必須要用相同的句型。

為了強調同一層次的思想的一致性，標題的句型可以相同，但也可以不同。如果第一節的標題是動詞，那麼第二節的標題可以是名詞，也可以是動詞。例如，關於提升工作效率的小節內容如下。

1. 制訂工作計劃
　　1.1 列出所有需要完成的工作項目
　　1.2 根據項目性質合理分配時間
2. 提升工作能力
　　2.1 加強專業能力的學習
　　2.2 加強綜合能力的學習
　　2.3 從與同事的溝通中學習

從上述的例子可以看出，同一層級標題的句型可以相同，也可以不同。我們不必為了強調同一層次的思想的一致性，而刻意用句型相同的句子。我們要知道，同一層次思想的相似性強調的是思想的一致性，而不是句子的一致性。所以，只要表達的思想是一致的即可。當然，如果可以用同樣的句型表達，那麼效果會更好。

（3）標題應當提煉核心思想。

標題是為了提示讀者接下來的主要內容，並不是用來說明具體內容的，所以標題應簡明扼要地表達核心思想。例如，「制訂詳細的工作計劃，合理分配自己的工作時間」，

這個標題就比較累贅，可以提煉為「制訂工作計劃，分配工作時間」。

（4）不要濫用標題。

標題的作用是為了幫助我們更清楚地向讀者傳達訊息，便於讀者理解、接收訊息。所以，我們要在適合使用標題的地方使用標題，不能濫用標題，否則會影響讀者的閱讀體驗。

多級標題不僅可以清晰地呈現文章的金字塔結構，還可以為讀者提供一個目錄，便於讀者閱讀。

5.5.2　畫底線法

文章比較長且內容複雜的時候，我們可以用多級標題法呈現文章的金字塔結構，讓讀者能夠釐清文章各部分內容之間的關係，幫助讀者理解內容。但是，如果文章的內容比較簡單，例如每一個觀點下面只有一段話，讀者很容易理解我們表達的觀點以及觀點之間的關係，那麼我們只需要在觀點下加上畫底線，突出觀點即可。

> 市場行銷部已經制定了本次產品行銷活動的方案，活動相關工作人員應仔細閱讀行銷方案，並關注以下兩個問題。
>
> 1. 參與者如何了解活動規則？參與者可以通過諮詢現場工作人員或者閱讀展架上的活動規則內容了解活動規則。

2. 參與者如何兌獎？參與者參與活動中獎後，可與活動現場的工作人員聯繫，也可以將自己的中獎號碼輸入官方網站的兌獎頁面，直接在線兌獎。

　　在使用畫底線法時，我們應注意以下幾個要點。

　　（1）畫底線的各個要點必須直接回答上一個層次提出的問題。

　　某門店銷售員日常工作注意事項有以下幾點。
　　1. 禮貌待人，避免與客戶發生衝突。客戶進店後要禮貌打招呼，遇事多解釋……
　　2. 上班必須穿工作服。上班必須按照公司要求穿工作服，佩戴名牌……
　　3. 上班時間不得玩手機。店裡沒有客人的時候也要認真履行工作職責，不得玩手機……

　　「畫底線的各個要點必須直接回答上一個層次提出的問題」這一點遵循的是金字塔原理中的「文章中任一層次上的思想必須是對其下一層次思想的總結概括」的規則，能夠確保文章邏輯嚴謹、結構完整、內容完善。
　　（2）畫底線的論點要簡明扼要。
　　畫底線上的內容實際上是對一段內容的總結，所以闡述

時應當簡明扼要。

（3）畫底線下的所有論點必須按照一定的邏輯順序展開。

畫底線下的所有論點必須按照一定的邏輯順序展開，否則就會導致邏輯混亂，表述不清，讓讀者難以理解。具體以何種邏輯順序展開應根據觀點的具體內容而定，選擇邏輯順序時可以參考本章第 3 節的內容。

畫底線法可以突出要點，吸引讀者的眼球，也便於讀者理解和閱讀。所以，如果文章的內容不是很多，我們可以採用畫底線法呈現文章的金字塔結構。

5.5.3 數字編號法

數字編號法是指用數字強調文章的重點內容及細分內容，大多數企業在編寫規範、規章制度的時候比較常用的方法就是數字編號法。這種方法的優點是可以準確地找到我們需要的內容。本書的目錄結構採用的方式其實就是數字編號法，我們以本章的目錄結構為例來看一下數字編號法的格式。

5.高效寫作：如何應用金字塔原理進行構思與寫作

　5.1　基於目標確定寫作主題

　　5.1.1為什麼要寫這篇文章

　　5.1.2　建立並描述文章的中心思想

　5.2　搭建縱向的文章結構

同一層次的思想採用同等級的編號。為了使數字編號法利於查找，且讓讀者快速找到核心要點，建議數字編號法與多級標題法結合使用，即在編號後面寫上可以突出核心思想的標題。

數字編號法雖然易於查找內容，但是也存在一定的問題，過多地使用數字標號很容易分散讀者對整體內容的關注。另外，如果修改時刪除了一節或一個小節，那麼還需要重新進行編號，這是一件比較麻煩的事情。

所以，我們在使用數字編號法時要根據實際情況而定，不能為了呈現金字塔結構而濫用數字編號法。

5.5.4　行首縮進法

如果文章的內容非常短，不太適合用多級標題法、畫底線法和數字編號法呈現思想的層次，而我們要表達的思想又不屬於同一層次，如果想要通過金字塔結構呈現文章的內容，我們就可以採用行首縮進法。

行首縮進法是指同一個層次的思想分為一段，然後在每一段的首行縮進 2 個字符。為了讓結構更加清晰，通常建議行首縮進法配合編號或項目符號使用。

6 月 20 日，我們將召開銷售部門上半年業績復盤會議。為了提高會議效率，領導需要會議助理安排好以下

幾個事項。

 1. 準備好召開會議所需的資料。

 2. 將會議時間和地點準確無誤地傳達給與會者。

 3. 提前預約會議室，並準備一些小點心、飲料。

採用行首縮進法呈現文章的金字塔結構時，我們應注意**使用相同的句型表達觀點**。這樣不僅能夠使我們表達的思想易於理解，還能幫助自己檢查是否清楚表達了想表達的內容。行首縮進法通常用於內容比較短的文章，如果文章內容過長，則不建議使用該方法，容易導致文章結構不清晰。

5.5.5　項目編號法

項目編號法是指用不同層次的項目編號呈現文章中不同層次的思想，從而在文章中呈現金字塔結構。一些企業常用這種方法撰寫項目進度小結。

項目編號法與多級標題法一樣，思想層次越高，越靠近頁面左側。

某公司某項目進度小結

1. 項目總體概述

 a. 項目概述

 某項目主要分為兩期實現……

  • 第一期……

第二期……

    b. 項目計劃時間

        ・××××年××月開始籌劃

        ・××××年××月××日正式立項

        ・××××年××月××日第一期上線，
          ××××年××月××日第二期上線

        ・××××年××月××日結項

2. **項目進度情況**

    a. 項目一期進度

        ・於××××年××月××日正式交付……

        ・滿足預期需求……

        ・後續需求已基本開發完成……

    b. 項目二期進度

        ・於××××年××月××日正式交付……

        ・未對項目二期進行測試，暫未能確定需求
          匹配度……

3. **項目障礙分析及解決方案**

      ……

使用項目標號法時要注意：**同一層次的思想採用的項目標號形式應相同，且格式要對齊。**

多級標題法、畫底線法、數字編號法、行首縮進法和項目編號法都可以幫助我們在文章中呈現清晰的金字塔結構，

提升視覺效果，提升讀者的閱讀體驗，幫助讀者更好地理解文章內容。所以，我們在寫文章的時候需熟悉以上 5 種呈現金字塔結構的方法，並根據內容性質選擇合適的方法。

5.6　案例演練

寫作是必備的工作技能，可以幫助我們提升工作效率。下面介紹了幾種工作中經常會遇到的寫作體裁，我們可以運用本章所學知識進行案例演練，以促進我們吸收知識，做到學以致用。

5.6.1　如何撰寫工作計劃

市場行銷部主管要求團隊員工每個人撰寫一份 11 月的工作計劃。

首先，團隊員工可以確定寫作主題── 11 月工作計劃。

其次，團隊員工要圍繞寫作主題收集工作相關訊息，確定 11 月的工作內容。

再次，團隊員工要對搜集的訊息進行歸類分組，並選擇合適的方法呈現文章結構。

最後，團隊員工要先寫序言，再按照金字塔結構自上而下表達文章的內容。

工作計劃的具體內容形式如下。

××××年11月工作計劃

【標題】

　10月的工作已經圓滿完成，並且取得了不錯的成績，但也存在一些不足之處。為了改進不足之處，取得更好的成績，我制訂了11月的工作計劃，詳細如下。

【序言】

11月的工作計劃主要有：

1.××××××××××××××××××
- ×××××××
- ×××××××

2.××××××××××××××××××××
- ×××××××
- ×××××××

3.××××××××××××××××××××
- ×××××××
- ×××××××

【呈現金字塔結構】

　希望通過自己的努力和付出，我可以順利完成11月的工作計劃，創造更高的績效。

×××

××××年11月

【結尾】

5.6.2　如何撰寫工作總結

　　銷售部門的領導要求銷售主管對 8 月的工作進行總結，並撰寫一份總結報告。

　　首先，銷售部門主管可以確定寫作主題——8 月工作總結。

　　其次，銷售部主管要圍繞主題收集相關資料，並對相關資料進行歸類分組。

　　再次，銷售部主管要根據分組後的資料選擇合適的方法呈現文章結構。

　　最後，銷售部主管要先寫序言，再按照金字塔結構自上而下地表達文章的內容。

　　工作總結的具體內容形式如下：

××××年8月工作總結

【標題】

　　在 ×××× 年 8 月的工作中，我們部門取得了不錯的成績……現將具體工作情況總結如下。

【序言】

　　1. 基本情況和取得的成績

　　・×××××××

　　・×××××××

2. 存在的困難和問題

　　· ×××××××

　　· ×××××××

3. 下一步的工作安排

　　· ×××××××

　　· ×××××××

　　　　　　　　　　【呈現金字塔結構】

　　　　　　　　　　　　×××

　　　　　　　　　　××××年8月

　　　　　　　　　　　　【結尾】

5.6.3　如何撰寫方案論證報告

　　技術部門領導要求技術主管撰寫一份某技術方案論
證報告。

　　首先，技術主管可以確定寫作主題——××技術方案論
證報告。

　　其次，技術主管要根據主題收集相關資料，對相關資料
進行歸類分組。

　　再次，技術主管要根據分組後的資料選擇合適的方法呈
現文章結構。

最後，技術主管要先寫序言，再按照金字塔結構自上而下表達文章中的內容。

方案論證報告的具體內容形式如下。

×× 技術方案論證報告

【標題】

按照……要求，根據……，現在就 ×× 技術方案報告進行論證，具體內容如下。

【序言】

1. 引言
   - 編寫目的
   - 背景
   - 定義
   - 參考資料
   - ……

2. 技術方案的前提
   - 要求
   - 目標
   - 進行技術可行性分析的方法
   - 評價準則
   - ……

3. 對現有技術的分析
   - 現狀分析

- 局限性

4. 建議的技術方案

- 技術方案概述
- 技術方案可行性分析
- 技術方案實施流程
- ⋯⋯

5. 其他可選擇的技術方案

- 可選擇的方案 1
- 可選擇的方案 2
- ⋯⋯

6. 結論

【呈現金字塔結構】

5.6.4　如何撰寫經驗分享報告

員工章濱在某項工作任務中取得了非常好的成績，團隊主管安排章濱在下周的例會上分享自己的成功經驗。為此，章濱要撰寫一份經驗分享報告。

首先，章濱可以確定本次寫作的主題——某項工作經驗分享報告。

其次，章濱要圍繞主題尋找相關資料，對相關資料進行

歸類分組。

　　再次，章濱要根據分組後的資料選擇合適的方法呈現文章結構。

　　最後，章濱要先寫序言，再按照金字塔結構自上而下地表達文章的內容。

　　經驗分享報告的具體內容形式如下。

×× 工作經驗分享報告

【標題】

　　上個月我完成了 ×× 項目工作，取得了一些成績……同時也積累了一些經驗，現將這些經驗分享給大家，希望對大家的工作有所幫助。

【序言】

1. 工作中取得的成績
   - × × × × ×
   - × × × × ×

2. 分析
   - 做得好的方面原因分析
   - 不足之處原因分析

3. 洞察
   - 可供他人借鑑的經驗
   - 對不足之處的改進計劃

【呈現金字塔結構】

5.6.5 如何撰寫會議紀要

團隊會議結束後，領導讓秘書周豔撰寫一份會議紀要。

會議紀要是在會議記錄的基礎上加工、整理出來的一種介紹性和記敘性文件，是記載和傳達會議情況及議定事項時所使用的一種文書。

收到領導安排後，周豔首先可確定寫作主題——×××會議紀要。

其次，周豔要整理會議上記錄的相關資料，對相關資料進行歸類分組。

再次，周豔要根據分組後的資料選擇合適的方法呈現文章結構。

最後，周豔要先寫序言，再按照金字塔結構自上而下地表達文章的內容。

常見的會議紀要的內容形式如下。

××××會議紀要

【標題】

會議名稱：

時間：

主持人：

參會人員：

主要議程：

會議的主要成果：

本次會議研究的幾個問題紀要如下：

【序言】

1.×××××××××××××××××××

　・×××××××

　・×××××××

2.×××××××××××××××××

　・×××××××

　・×××××××

3.×××××××××××××××××

　・×××××××

　・×××××××

【呈現金字塔結構】

第 6 章

有效表達

如何應用金字塔原理實現清晰表達

無論是生活中還是工作中，我們都需要通過口頭表達與人交流、傳遞訊息，達到溝通目的。但是，我們在表達時常遇到「自己說了很多內容，對方卻一頭霧水」的情況，導致訊息傳遞失敗，溝通目的無法達到。我們可以運用金字塔原理有效解決表達不清晰的問題。

6.1 有效表達的 4 個核心要素

　　何謂有效表達？簡單來說，有效表達就是清晰傳達，令對方能夠明確我們要表達的意思。具體來說，有效表達應具備以下 4 個特點，如圖 6-1 所示。

圖 6-1　有效表達的 4 個特點

　　1. 對方願意聽，有興趣聽

　　表達是雙向的，即我們要將訊息準確地傳達出去，對方也要願意聽，有興趣聽。否則，表達就是無效的。例如，客戶對某電子產品很感興趣，銷售員向客戶介紹的恰好正是這款產品，這樣的表達客戶就會願意聽，有興趣聽，也就較容易實現有效表達。

2. 對方理解並接受我們表達的觀點

只有對方理解並接受我們的觀點，我們表達的訊息才能真正傳遞出去，表達才能有效。例如，領導告知員工其制定的行銷方案缺乏新意，需結合市場趨勢進行優化，如果員工理解並接受領導表達的觀點，那麼他就會去思考行銷方案中存在的問題，並採取行動優化行銷方案。

3. 對方記住我們發出的指令

我們表達的目的有時候不只是傳遞訊息，還會發出一些指令。例如，領導對銷售主管說「下周為新產品策劃一份行銷方案」，如果銷售主管記住了這個指令，那麼表達就取得了初步成效。

4. 對方執行我們發出的指令

對方只是記住我們發出的指令還不夠，還要執行指令，這才是真正意義上的有效表達。例如，領導對團隊成員說「下周一召開例會，全體成員需在 8：30 之前抵達會議室」，如果員工下周一 8：30 之前全部抵達會議室，那麼領導的表達就是有效的。

要實現有效表達，我們需掌握下面 4 個核心要素，如圖 6-2 所示。

圖 6-2　有效表達的 4 個核心要素

6.1.1　主題：關於什麼

有效表達的第一步是確定主題，即表達的內容是什麼。主題其實就是金字塔結構中的中心思想。確定了主題就等於確定了表達的方向，接下來才能圍繞主題清晰地表達。否則，很容易讓對方摸不著頭腦，不知道我們究竟想表達什麼。

例如，某次例會上，領導要求張良對上一周的工作做一個總結。於是，張良在會議上發表了下面一段話。

「我上周非常忙，即便如此，我還是順利地完成了工作任務。我策劃了一次銷售活動，有 1,000 多人參與。參與活動的人對本次活動非常滿意，還對我們的產品提出了一些意見。他們希望我們可以提高產品品質，優化產品功能。關於產品品質和功能優化問題，我的建議是……此外，我還在線上拓展了 800 個用戶，且都有成交的意向，他們對我們的 A 產品比較感興趣……」

這段話闡述的的確是張良一周的工作內容，但是領導聽到這樣的工作總結，很可能會產生這樣的疑問：「你究竟想表達什麼，你到底做了哪些事情？」當領導對張良表達的內容產生疑問時，就說明這種表達是無效的。

張良的表達之所以會讓領導發出疑問，主要是因為整段話的主題不明確，內容太零散。找出問題後，便要解決問題，明確表達的主題。調整後，張良可以按照下面的方式進行表達。

「我上周的工作主要圍繞用戶增長展開，這也是我們團隊的工作重點。通過線上和線下兩種方式，我一共拓展了 1,800 個用戶。首先，我在線上拓展了 800 個用戶，他們中的大部分人對我們的 A 產品比較感興趣且都有成交的意向；其次，我通過一場線下活動拓展了 1,000 個用戶，他們對活動非常滿意，同時希望我們可以提高產品品質，優化產品功能。」

這段話的主題很明確——「用戶增長」，確定主題後便可以圍繞主題展開詳細的敘述，整段話看起來結構更加清晰，內容更加流暢，領導更容易理解張良想表達什麼。

對比前後兩段話，我們可以看到主題的作用十分明顯。有了明確的主題，我們的表達才能圍繞主題展開，對方才能聽清楚、聽明白我們要表達的內容。所以，我們在開口說話之前一

定要先明確主題，即自己要表達的內容是關於什麼的。

6.1.2　核心結論：觀點是什麼

確定了表達的主題後，我們便可以構思自己的表達邏輯。金字塔原理遵循自上而下的表達邏輯，即結論先行，這也是有效表達的核心要素之一。所以，我們在表達自己的想法、建議時，要先拋出核心結論，即關於該主題我們的觀點是什麼。

例如，銷售部門就採用 A 方案還是 B 方案組織了一次討論會議，會議上員工王偉提出了自己的想法。

「我個人認為 A 方案比較符合公司當前的經營狀況，實施起來比較簡單，也許能取得不錯的效果……B 方案實際上也不錯，雖然相對來說不太容易實現，但是我認為一定會取得意料之外的效果，主要是因為 B 方案有很多可以吸引年輕女孩的因素，而年輕女孩是我們的主力消費群體……」

王偉的這段話很可能會讓會議現場的所有人都產生一個疑問：「你到底支持 A 方案，還是 B 方案呢？」出現這種情況就表明王偉的表達是無效的。

有效的表達應當結論先行。據此，王偉的表達可以調整如下。

「我支持 B 方案。雖然 A 方案更符合公司當前的經營狀況，實施起來比較簡單，但是從同行實施類似方案的反饋來看，取得的市場效果並不理想。B 方案雖然相對來說不太容易實現，但是我認為一定會取得意料之外的效果，主要是因為 B 方案有很多可以吸引年輕女孩的因素，而年輕女孩是我們的主力消費群體……」

在給出結論時要注意，結論一定要簡明扼要、突出重點，如案例中的「我支持 B 方案」。對方聽到這句話，就明確了你所傳遞的觀點。因此，我們在表達時要先拋出自己的核心結論，並用簡潔的語言概括自己的觀點。

6.1.3 論據：理由是什麼

高效寫作其實就是在不斷地回答讀者可能提出的問題，直到讀者不會再產生疑問。有效表達也是如此，要不斷地回答對方可能提出的問題，直到對方不會對我們的表達產生任何疑問。通常，當我們提出核心結論並表明自己的觀點後，對方很可能會產生這樣的疑問：「你這麼說的理由是什麼？」

下面仍然以銷售部門關於 A 方案和 B 方案的討論為例。

員工劉威說：「我支持 A 方案。」

這個時候大家會產生的疑問是：「劉威為什麼會選擇A方案？」

如果劉威給不出任何理由，只是主觀意識選擇A方案，或者給出的理由不充分，那麼大家就不會接受劉威的觀點。也就是說，劉威的表達是無效的。

有效的表達應當有充分的論據。基於有效表達的這個核心要素，劉威的表達可以調整如下。

「我支持A方案。雖然B方案有吸引年輕女孩的很多因素，而且年輕女孩是我們的主力消費群體，但是B方案的實施難度很大，會耗費大量的人力、物力和財力，遠遠超過我們團隊的經濟能力，將會給我們團隊的發展帶來不可預估的風險。A方案雖然不一定會引起比較大的市場反應，但是實施起來比較簡單，成本低，風險低，更有利於我們團隊的穩定發展。」

論據的本質作用是支撐核心結論，如果沒有給出論據，或者理由不充分，那麼就意味著我們表達的核心結論是空洞的，無法被對方接受。這樣的表達就是無效的。所以，拋出核心結論後，緊接著就要給出充分的理由，且理由要按照一定的邏輯有序地展開。

6.1.4 行動：要做什麼

如果表達的目的只是傳達訊息，那麼闡述完論據後，一個完整、有效的表達就結束了。但是，有些表達的目的是促使對方行動起來，這個時候，我們還應明確地告知對方要採取什麼樣的行動，即要做什麼，並讓對方按照我們的指令去行動。

下面仍然以銷售部門關於 A 方案和 B 方案的討論為例。經過一番激烈的討論後，部門主管做出了最終決策，選擇了 A 方案。

> 「大家各自都發表了自己的意見，每個方案都有優點和缺點，綜合大家的意見，結合我們團隊當前的現狀，A 方案比較合適，所以我決定選擇 A 方案，希望大家認真執行。」

這個時候，團隊成員很可能會產生這樣的疑問：「接下來我們要如何做？具體要採取什麼樣的行動？要做哪些事情？」有效的表達需要回答對方可能產生的疑問。因此，上述的表達需要進一步調整，具體如下。

> 「大家各自都發表了自己的意見，每個方案都有優點和缺點，綜合大家的意見，結合我們團隊當前的現狀，A

方案比較合適，所以我決定選擇 A 方案。下一步我們要做的就是按照 A 方案實施工作任務。首先，要策劃一次推介產品的主題活動……由張敏帶領團隊完成；其次，通過線上和線下的方式邀請用戶參與活動……由李萍和周軒負責；最後，統計活動數據，做一個活動效果匯報……由劉威負責。希望大家積極行動起來，一起努力完成任務，爭取創造佳績。」

聽完領導的這段表達後，團隊成員對於自己接下來要採取什麼樣的行動已經十分明確了，然後便可以據此制訂更加詳細的工作計劃，積極實施領導的指令。

在日常生活和工作中，大多數表達的目的都是希望對方能夠積極按照我們的指令行動，因此，當表達是基於此目的的時候，我們不能只闡述觀點和論據，一定要將具體的行動告訴對方。行動越具體，越有利於促進對方執行指令，表達的效果也就越好。

6.2 案例演練

日常工作離不開表達，本節列舉了幾種工作中經常會遇到的表達情景，我們可以結合前文所學的表達技巧進行實戰演練。

6.2.1 如何在電梯 30 秒內匯報工作

領導通常都比較繁忙，所以工作中我們經常會遇到的情境是，想要匯報工作，但總是見不到領導；或者見到領導時，領導的時間有限，可能只有幾秒鐘或幾分鐘的空閒時間，例如，在電梯裡遇見的 30 秒。

員工王婷打算跟領導匯報上個月的工作情況，但是領導一直忙著出差，沒有時間在辦公室。一天，領導正準備出差，在電梯裡遇見王婷，於是說：「我等會兒出門有事，你抓緊時間匯報上個月的工作情況。」

電梯裡的 30 秒並不是指具體的時間，而是用來形容時間比較短暫。在短暫的時間內，王婷要如何匯報一個月的工作內容呢？

結論先行，然後再告訴領導要點。

王婷可以這樣說。

「上個月我們團隊的核心任務是跟進 A 項目的進度，目前 A 項目已經到了最後階段，客戶非常滿意，只有一些細節工作還需要優化一下，有兩位同事在做最後的收尾工作，其他人已經開始新的項目。（工作現狀）因為 A 項目是按照原計劃如期進行的，所以沒有出現什麼大問題，有望比原計劃提前完成。（對現狀進行解釋）現在我們在等待客戶的反饋意見，看看是否有需要完善、優化的地方。」（對現狀的掌握情況）

當匯報工作的時間較短時，表達一定要簡明扼要——先直接匯報工作的現狀，然後對現狀進行解釋，最後告知領導自己對現狀的掌握情況。這裡的「工作現狀」可以是案例中的工作進展情況，也可以是需要領導幫助解決問題，無論是什麼，我們在表達時都不要忸怩，簡單直接地說明即可。如果在匯報時說太多不相關的內容，如無意義的寒暄、過長的背景介紹等，很容易讓領導失去傾聽的耐心，導致匯報失敗。

6.2.2　如何請示領導

我們在工作中難免會遇到有問題需要向領導請示的情境，有效的請示有利於工作的順利推進，那麼，如何請示最有效呢？

項目經理劉強在執行某項目的過程中遇到了一些難題，僅憑個人的能力無法解決，需要請示領導。

請示領導的時候同樣要「結論先行」，這個結論是「就請示的內容提出自己的觀點」。很多人可能會提出這樣的疑問：「我是向領導請教問題，我怎麼知道解決問題的方法呢？」事實上，在工作中，我們對需要請示的問題一般都會有自己的想法，只是因為拿不定主意才請示領導。最重要的是，領導的主要作用是做決策，他們通常不喜歡做問答題，只喜歡做選擇題。因此，我們在請示領導的時候一定要先就請示的問題提出自己的觀點，或者就請示的問題闡述自己的解決方案，然後再詳細介紹理由，讓領導幫忙做出決策。

項目經理劉強可以這麼說：「項目進度比原計劃延遲了一個星期，導致客戶投訴。我的想法是，調動其他部門的人過來幫忙，項目部的員工下周每天加班 2 小時……提出這些解決方案是因為導致項目進度延遲的主要問題是人手不夠，而且項目部的員工工作積極性不高……」

提出解決方案時可能會存在兩種情況：一種是領導認同我們的解決方案，那麼就可以按照方案執行，請示成功；另一種是領導不同意我們的解決方案，但這並不代表請示失敗，因為領導會就我們的觀點發表自己的意見，然後跟我們

一起探討出最終的解決方案，這種請示也是成功的。

　　總之，請示領導時一定要帶著可供領導選擇的方案去，否則領導只會認為我們是問題的制造者。

6.2.3　如何安排任務

　　團隊領導者經常需要安排工作任務，這看似是一件非常簡單的事情，但經常會因為任務交代不清楚而導致任務不能如期如質完成。

　　市場行銷部主管鄒璇在安排團隊下個月的工作任務時說:「下個月我們部門要成立一個活動小組，因為我們的新產品要上市，需要通過活動擴大產品的影響力。開展活動之前，我們還要準備一些活動需要的物料，具體的活動內容也需要精心策劃，策劃好後要將活動的消息發布出去。」

　　這段話很容易讓團隊成員產生這樣的疑問：「我們到底要做什麼？要策劃活動？還是準備物料？先做什麼？後做什麼？」當員工對領導安排的任務產生各種疑問時，說明他們根本沒有理解領導安排的任務，這也就意味著員工很可能無法完成領導安排的任務。

　　有效的表達應當是結論先行，安排任務的時候也是如此。上述表達中，核心思想是新產品上市策劃行銷活動，因

此有效的表達應當如下。

「下個月我們部門的核心任務是策劃新產品投入市場的行銷活動，主要工作內容包括成立活動小組、策劃活動內容、準備相關物料、發布活動通知。活動小組由章青、李餘、陳剛、劉建組成，小組內推選出一位組長；小組成立後一周內策劃出行銷活動的內容，內容要豐富、有趣，能夠體現產品的特色，且能夠吸引目標用戶群體；然後根據活動內容準備相關物料，為活動的順利進行做好充足的準備；最後全網發布活動通知，為活動預熱。」

這樣的表達就十分清晰，團隊成員能夠明確下個月的工作任務，進而才能執行任務、完成任務。

領導安排工作任務的時候面對的可能是個人，也可能是團隊。

如果安排工作任務時面對的是個人，那麼領導應盡可能細致地描述工作任務，確保員工可以理解。

如果安排工作任務時面對的是團隊，那麼領導不僅要細致描述工作任務，還應當對工作任務進行分解，確保任務可以落實到每一位員工，確保每一位員工都能理解工作任務並且明確接下來的工作方向。

安排任務結束後，領導還可以通過提問「你／你們是否理解了我安排的工作任務」來進行確認。如果員工仍然存在

疑問，那麼就要再描述一次，直到員工完全理解工作任務。
這是有效安排任務的最後保障。

6.2.4　如何進行臨場發言

在工作中，我們經常會遇到需要臨場發言的場合。

在一次團建活動中，領導要求員工陳麗發表一下自己入職 3 個月的工作感悟。陳麗可以運用有效表達的 4 個核心要素完成這次臨場發言。

1. 確定主題：工作感悟

確定主題後，陳麗要做的就是圍繞主題構思內容。陳麗要回想入職 3 個月來自己有哪些收獲，有哪些成長，取得了什麼樣的成績等。陳麗可以按照下面的方式進行表達。

「我入職以來共參與了 2 個項目，在同事的幫助下，這 2 個項目都順利完成了，讓我很有成就感。」

2. 提出核心結論：最大感悟是什麼？

「在完成項目的過程中，我最大的感觸是同事之間的相互協作和幫助很重要。」

3. 給出論據：這麼說的理由是什麼

「我在入職 3 天後就參與了 A 專案，因為對工作流程不是很熟悉，個人能力也比較欠缺，導致我在工作的時候很迷茫。但是，團隊同事會積極主動地協助我工作，幫助我解決問題，教會我實用的工作方法。例如，章新教會我……最後，我順利完成了自己負責的部分，非常有成就感，十分感謝大家對我的幫助。」

4. 行動：接下來要做什麼

「接下來，我將把這種精神傳遞下去，在工作中積極幫助身邊的同事，和大家一起努力完成團隊目標！」

遇到臨場發言的情況時，很多人都容易陷入混亂，不知道到底要說什麼，更不知道要怎麼說，結果在表達的過程中前言不搭後語，說不到重點。事實上，只要掌握有效表達的 4 個核心要素，按照這種結構組織材料和語言，就能夠輕鬆應對各種臨場發言。

6.2.5 如何在協作中說服他人

在團隊協作中，難免會遇到觀點不一致的時候，通常我們可能想說服他人聽取我們的意見，那麼要如何做呢？這個時候就要用到有效表達的核心結論和論據兩個核心要素。

吳亮和王良在協作的過程中，就選擇線上引流方式還是線下引流方式產生了爭執，吳亮的觀點是選擇線下方式引流，王良則堅持線上引流。吳亮想說服王良選擇線下引流方式。

吳亮如何才能說服王良呢？首先，吳亮必須明確表達自己的觀點，如「我的選擇是線下引流方式」。明確的觀點不僅可以讓對方了解自己表達的核心，更能夠引導對方帶著「他為什麼做出這樣的選擇」這樣的疑問繼續傾聽我們接下來的表達──詳細闡述理由。

「我做出這個選擇的理由主要有兩點：一是目標客戶群體喜歡線下活動；二是線下活動的成本更低。我們的目標客戶群體是中老年人。雖然現在網絡很普及，但是他們很少主動通過網絡去了解各種訊息，所以我們如果採取線上推廣的方式未必能夠吸引這些流量。此外，我們公司線上行銷工作一直都不是很理想，現在採取線上引

流方式需要花大量的時間和金錢重新布局，這無疑會大大增加公司的成本。相反，線下活動是我們的強項，一直以來成績都不錯，尤其是社區活動的效果一直都非常好。」

如果理由不足以說服對方，吳亮可以繼續將具體的行動表達出來。

「如果我們採取線下引流方式，我們可以組織社區活動。首先……」

這種有理有據的表達通常很難讓對方反駁，很容易說服對方。這裡要強調的是，一定不要沒有任何理由地強迫對方認同我們的觀點。如果對方無法發自內心地接受我們的觀點並認真執行，會導致協作效果大打折扣。因此，在協作中遇到不同的觀點時，一定要通過有效的表達，有理有據地說服對方認同我們的觀點，而不是無理由地強迫對方認同。